科学探索与发现·自然密码

YE REN YU GUAI SHOU

野人与怪兽

探寻野人之谜　揭开怪兽面纱

李代广 编著

U0193982

黄河水利出版社
·郑州·

图书在版编目（CIP）数据

野人与怪兽 / 李代广编著.—郑州：黄河水利出版社，2013.4
（科学探索与发现·自然密码）
 ISBN 978-7-5509-0484-2

Ⅰ.①野… Ⅱ.①李… Ⅲ.①人科－青年读物②人科－少年读物
③野生动物－青年读物④野生动物－少年读物 Ⅳ.①Q98-49②Q95-49

中国版本图书馆 CIP 数据核字（2013）第092983 号

出 版 社：黄河水利出版社
地 址：河南省郑州市顺河路黄委会综合楼 14 层（邮政编码：450003）
电 话：0371-66026940
网 址：http://www.yrcp.com

印 刷：三河市人民印务有限公司
开 本：787 mm×1 092 mm 1/16
印 张：10.25
字 数：176 千字
版 次：2013 年 4 月第 1 版 2021年8月第2次印刷
定 价：39.90 元

前　言

　　"野人"之谜历来被炒得沸沸扬扬，让人们扑朔迷离、眼花缭乱。"野人"是民间称谓，科学界定为"未知的高等灵长目"，有可能是巨猿的一支。早在1784年，我国就有西藏野人的文献记载。近年来，在喜马拉雅山区不断有人目击野人活动，并有女性野人抢走当地男人婚配生子之事。已有若干考察队深入藏东考察，但目前野人仍是一个谜。

　　在世界许多地方都流传着有关"野人"的传说，100多年来北美洲不断有人目击"野人"，并称之为"大脚怪"，特征是与人相像，直立行走，两臂摇摆，全身是毛，身高2.4～2.7米，不会讲话。专家认为这可能是古代巨猿的后裔，目前还仅停留在观察阶段。无独有偶，在西藏的喜马拉雅山麓，在西伯利亚的贝加尔湖畔等地还流传着"雪人"传说，1951年，英国珠峰登山队长西普顿拍摄到了第一张"雪人"的清晰脚印照片，终于使科学家们确信无疑。在我国湖北省神农架地区有许多目击者看到过"野人"，并收集到一些毛发。人们描述其特征：眼睛像人，脸长，嘴突，四肢粗壮，无尾，明显分化出前臂和后腿，浑身棕红色毛发。1995年，中国国家环保总局和中国科学探险协会组织科考队进驻神农架考察。近年来，中科院曾多次到神农架考察"野人"，发现了"野人"的毛发、粪便、脚印等珍贵资料。也许，不久的将来，"野人"之谜就会大白于天下。

在平静的湖泊里，在波涛汹涌的海洋里，在茂密的原始丛林中，隐藏、生活着令人难以置信的怪物，它们的存在，几乎超越了我们的想象。它们被人发现之后，立刻会引起轩然大波，令人恐怖之余，引发人们探险的热情，但是，时至今天，那些怪物仍然没有露出庐山真面目，对人们来说依然很神秘，人们探究的热情愈加高涨。"野人"与"怪兽"之谜所散发的神秘魅力，像磁石般吸引着人们好奇的目光，并刺激着人们探究其真相的强烈兴趣。在对"野人"与"怪兽"的破译和解析中，人们不仅能获得知识上的收益，也可以得到愉快的精神体验。

本书从客观角度出发，收录了大量的国内外发生的"野人"与"怪兽"的案例，为广大青少年读者打开一扇通往好奇世界的通道，使读者在阅读的过程中，开阔思维和视野，激发青少年读者热爱科学、探索未知世界的热情。

我们生活在一个五彩缤纷的世界，不知道的东西还有很多。我们青少年需要的是：用科学的方式来看待世界，探索未知的神秘世界。我们不会都成为科学家，但这却不妨碍我们从科学家的身上学到那种科学地对待事物的方式。

编　者

2010年3月于北京

目录

中国野人之谜

海洋怪兽之谜

中国野人之谜
ZHONG GUO YE REN ZHI MI

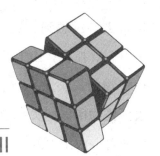

神农架"野人"之谜

茫茫林海，镶嵌着层峦叠峰，似块块巨大的碧绿宝石，在阳光照耀下显示出千姿百态，乳白云带腾空起舞，如万匹白马奔腾，气势磅礴。这儿便是位于湖北省西北部，毗邻四川省的神农架。它海拔3000米，在这个富有神秘色彩的高山地区，盛传着"野人"的故事和传闻，许多居住在神农架地区的村庄都曾亲眼目击过野人的真面貌。

一位叫殷洪发的农民曾叙述了他看到野人的经过："1974年5月1日，这天队里放假，我吃完早饭便上海拔1000多米的青龙寨山上砍葛藤，忽然听到坡下有响声，以为别人也会利用假日来砍葛藤，我喊：'哪一个？'没人回答。我又开玩笑地喊：'哪个给我作伴来呀？'还是没人回答。我往坡下一看，只见一个直立行走，满身白麻色毛的怪物快步走到我跟前了！我吓了一跳，退后了一步，想让这怪物顺山岭小道走过去。没想到，这怪物走到我面前，向我伸出右胳臂。我想：'坏了，它要抓我！山上就我一个人，只有跟它拼了！'我立即用左手抓住这怪物的长头发，右手抓着镰刀，用尽全身力气，向这怪物胳膊上砍去。怪物用力把头一摆，我抓下了一把怪物的头发，怪物'哇！哇！'地叫着，向山上跑去了。我怕这怪物的同伙都来，连忙转身沿山坡钻树丛跑回家，连山路也没敢走。我已经40多岁，从没见过这种牲口，说它是野兽，它却用两脚走路；说它是人，但它浑身都是长毛！"

根据他的描述，这人形动物约1.3米高，头发下垂到胫部上面一点，眼睛是圆形红色，鼻子位置略比人高，眉脊骨突出，嘴比人的宽。胸圆，屁股大。手臂到腰，手大指长。两腿上粗下细，两脚后窄前宽。

1975年5月中旬的一个阴雨天，神农架南面的兴山县榛子公社龙口一队的农民甘明之上山打猪草。当他爬到一个小平台的灌木丛旁，忽然

听见右边有声响，回头一瞧，他愣住了，一个"巨人"站在他的跟前，那家伙浑身都是毛，1.8～2.1米高。他一面连叫了几声"救命！"一面用棍子对着那家伙。可棍子刚举起来，就被它抓住了。同时，他的左脚也被它踩住了。他心慌得很，那家伙却在眯着眼睛笑！过了一会儿，他感到被踩的左脚有些松动，就慢慢往回收，朝侧面挪了一步，撒腿就跑，跑到了几里外的垭口，才松了口气。后来，他被村里的人扶回家，一连吃了几剂中药，休息了半个来月，才能开口说话。

1976年1月29日，在与神农架紧密相连的房县山区，农民曾密国到山上割树皮，忽然看到距他两丈远的地方来了一个头发很长的"红毛野人"，直立行走，很快地走到他的面前，"啪"的一下给了他一个耳光。这"野人"高约1.9米，手指又粗又长。曾宪国给打痛了，又害怕又紧张，跌倒在地，昏过去了。"野人"也没再伤害他。他醒后回家，昏

睡了3天。

近年来，中国科学院和湖北省多次组成考察团，开始了对神农架野人现象的探索。考察中，访问了许多目击野人者，并从脚印、粪便、毛发等实物进行研究，并对野人窝巢进行侦寻。从所掌握的现有资料，考察者们初步给神农架的野人们描绘了以下相貌特征：

1.两脚直立行走，受惊逃跑或上陡坡时也会用四肢行走。

2.身高有大型的和小型的两种，大型的约两米高左右，小型的有1.6米左右。

3.浑身是厚毛，毛色有红色、棕色、黑色、黄色、麻色、灰色、白色或鲜红、棕红、紫红、黑红与红黄、棕黄、棕黑、灰红、白麻等。神农架的"野人"，红色的较多。

4.有的体胖腰粗，有的身型瘦长。

5.腿比人的长，腿比自身的手臂长；大腿粗，小腿细，有小腿肚。手心、脚心无毛。手很大，手和指比人的长而粗，指甲尖长而厚实，手能抓握。脚掌前宽后窄，大型的长30多厘米到近50厘米，小型的长20多厘米。印痕上看不出足弓。脚趾粗，比人的长，大趾特别粗，与四趾分开，似乎也有一定的抓握能力。

6.头比人的略大，略长，头发多、长而披垂，也有头发不太长的。脸型瘦长，上宽下窄，有的有短毛，有的无毛。有的嘴略突出，有的则很突出。鼻骨低而长。门齿较人的粗大，犬齿粗，但不如虎牙尖长。耳比人的大，耳轮前倾，有的无毛，有的耳边有稀毛。眼睛有的像人眼，有的是圆眼，大些，眼窝很深，眼夜间无反光。

7.雌性的乳房与雄性的生殖器官自然下垂。

8.无尾。

当地村民眼中的"长毛大汉"

神农架林区东薅坪村村民朱国强口述原录：

1974年5月1日，我像往常一样背着猎枪，赶着牛羊在山坡上放牧。时至午时，我有些疲倦，便坐在山坡上扶着猎枪打瞌睡。突然一声怪叫把我惊醒，我抬头一看，"哎呀，我的妈呀！"一个非人的"长毛汉"站在我的跟前。那大汉腰圆背阔，通身红光灿灿，它的脊背长毛如披着一件棕色的斗篷裹到腹部，两只似猴的眼睛露出逼人的光焰，嘴里发出"嘿嘿"的狞笑声，并伸出毛茸茸的大手抓住了我的猎枪，另一只手抓住了我的棉袄。

我意识到这就是传说的"红毛野人"，顿时头都大了起来，全身浸出了汗水。我拼命地用力夺枪，正好枪托在我这边，而且枪里装有火药，我扣动扳机，"砰"的一声，枪响了，但没有打中野人。红毛野人听到枪响，"啊"地叫了一声，脸色也变了。但它还是不放手。也就在这时，我精心饲养的一只大黄牯牛凶猛地冲了上来，一头撞到野人身上。这突如其来的攻击，使野人惊慌了，他赶紧松开手，向老林中逃去。野人逃后，我反而害怕起来，没命地一口气跑回家，吓得半天讲不出话来。队里人问我发生了什么事，我怕说出来会背上造谣惑众、破坏生产的帽子，只偷偷地和几个知心朋友讲了。

"野考"队员见到的"野人"

黎国华是个年轻的考察队员，曾两次去神农架考察，都看见了"野人"。1980年2月28日，黎国华正行进在朱公坪与学堂岩屋之间时，猛然发现前面约70米的地方，一个高达两米多的红棕色"野人"正走在雪地上，他立刻把肩上的步枪拿到手上，向"野人"奔去。当距离缩小到40米时，"野人"发现了他。飞也似的逃进了密林。他又追进密林，但怎么也找不着它。

同年12年18日下午5时，黎国华与另一考察队员李仁荣来到神农架无名峰南坡的响水河边，又看见一个长发垂腰的红棕毛"野人"正坐在石冰上吃东西。彼此相距约200米。两人悄悄往前奔走，试图活捉这个"野人"。但"野人"很快就发现了他俩，急忙拿起地上的食物逃之夭夭。他俩没带相机，只好慨然兴叹。

1981年9月15日下午，考察队的樊井泉、胡振林、郭建、彭裕豪在神农架林区无名峰东南面海拔2500米左右的一个半封闭原始林区进行动态考察。下午3时左右，樊井泉、郭建、彭裕豪在山梁看到一个红棕色毛的人形动物，从底部向山顶走去。

樊井泉首先发现，立即招呼大家来看，郭建、彭裕豪见后当即惊叫，并叫胡振林快来看。

樊井泉喊正在山背后的胡振林过来看时，那"野人"还停滞不前，下来回头向这边张望，然后才向上走去进入竹林。这时，胡振林用最快的速度向上追去，但还没跑200米的路，"野人"已经走到山顶，隐没在冷杉林中了。

随后，他们到现场搜索，由于高山草甸，只见路迹，没有发现明显的脚印。

1981年，华东师大生物系教师刘民壮，带着两名学生结合教学到神农架进行考察，他们在半溪公社大元大队调查了据称在1981年10月18日凌晨同时看到一个高大"野人"且看了很长时间的21名社员。得到证实后，刘民壮和两名学生又在现场发现连续的30厘米脚印7个，灌了4个石膏模型，拍了照片，对目击者进行了录音。他们还结合教学，在山洞发掘了大量化石，并收集到"红毛野人"的大量毛发。

这次不是偶然的遭遇，不是只听到群众的反映，而是有意识地进行考察并亲自目击"野人"，这是以前几次考察从未实现过的。

袁玉豪是参加"野人"考察多年的神农架林区工人。他个子高大，机智勇敢，考察深入，常有重要发现，他担任神农架自然保护区瞭望塔的守望工作。

1988年3月4日，他在猴子石南天门的雪地上发现了300多个"野人"大脚印，有100多个清楚的，脚长有40多厘米。5月3日又在朱公坪发现172个"野人"大脚印，有7个清楚的，他灌了3个石膏脚印模型，脚长有43厘米。

在3月24日发现脚印的同时，袁玉豪发现与两个大八字脚印成三角形位置的一堆粪便，向上呈螺旋状，似人粪，但粗大得多，比人类最少粗5倍。内含有毛与果籽。粪便呈乌黑色。

神农架"野人"夫妻

在1977年的考察中，神农架山区有不少群众、干部向考察队反映目击"野人"的情形。

当时任湖北省水利局设计院副院长的翟瑞生同志，就向中共郧阳地委宣传部副部长、鄂西北奇异动物科学考察领导小组成员李健谈到解放战争时期路过神农架时，和战士一起看到"野人"的情况。

翟瑞生说："1944年，我在中国人民解放军359旅，那年秋季，我们离开延安南下，走了84天，过冬的时候我们才到大悟县，大约休整了两个星期就分散到江汉军区。1946年秋，五师突围，先在随县安居、历川驻整军队，我们又经当阳进南漳，走保康、房县进入大山区，用了将近六七个月的时间。

　　1947年春节前，我们走到房县与兴山交界的地方，就是现在的神农架林区。那一带都在海拔两千米左右，峰峦绵亘，山势险峻，森林密盖，一眼望不到边。部队在崎岖的山道上艰难地行军。

　　有一天，我们早晨走了几十里路，没有看到一户人家。中午太阳很高，我们走到一条山沟里。发现在靠山坡边上树林旁，有一个用树枝搭的窝棚，不高，是'人'字棚，宽约2米，长约3米，搭得不整齐。

　　在离这个窝棚两三米的地方，站着两个'野人'，正抬头看我们在山岭走过的部队，还望着我们笑！满身是毛，高的那个是母的，两个乳房很大，好像还用树叶围着下身。身上的毛是黑红色，头发比较长，是淡棕色的，披头散发，个子比普通人高得多，蛮大个块头，体形也很胖，脸和手都显得很脏。另一个'野人'矮一些，也矮不了好多，是公是母看不清，毛色也是红色，头发也很长，手是黑的，'野人'的脚是大片子脚，它的脸和人的脸差不多。""当时，我们与'野人'的距离大约二十几米，我们一团在山岭上走。'野人'在山沟里。我走在队伍的中间，那时我才20多岁，是排长。走过之后，我和前后一起看过'野人'的同志就议论开了，有的说：'这是原始人'，有的说：'这是人熊，有的说：'这是'野人'。当时一起行军的有一两千人。'野人'说不出话，光望着我们笑。'野人'的脸不同于猴子的脸，它身上的毛比较稀，不像猴子身上的毛那样密。'野人'形状像人。五指和人的差不多，站着和人一样。它的眼睛大，不同于猩猩，完全像人形，披头散发像疯子。那一带的山岭是东西走向，山上有不少的大树，可以说是林茂草深。'野人'搭的那个棚子向南，我们自东往西走。'野人'在左手下面山沟里。山是石灰岩，那时是三九天，'野人'的脚趾是张开的。"

翟瑞生所讲的经由路线和方位，在神农架酒壶坪的原兴山、房县交界的界垭一带。这里高山峻岭，地形复杂。海拔一般在两千米左右，是长江、汉水分水岭。森林中有山道经兴山境内往西进入川东地区。神农架开发前，这里森林资源丰富，一片片、一排排墨绿色的冷杉，树杆胸径均在1~1.5米之间，原始森林之中，可谓树荫浓郁，遮天蔽日。在如今的神农架，过去的县界已被现在的乡界所代替。公路经红峡谷，穿过海拔1800米的垭口，在森林中盘旋直落设在山脚下的山城木鱼镇。著名的香溪河水之源，亦来自山腰密林中一山洞之清泉。木鱼镇建在群山环抱之中，气候宜人，已成为神农架的旅游开发区和对外开放区。

20名学生与"野人"面对面

1976年5月28日上午，房县红塔公社双溪三队孙正杰（初中生）、于立华（小学生）二人一起到大梨花沟口山上砍柴。上午9时左右，孙正杰忽然听到于立华的哭声，就走到她面前问："你怎么了？"于立华手指着山下沟中说："我看到红头发'野人'了！"

孙正杰往下一看，果然见一个大红毛"野人"，还带着一个两尺多高的小红毛"野人"。二人见状，立即躲到一棵小树后，不敢做声，看着"野人"动静。

只见小"野人"在前面走，大"野人"在后头，小"野人"走着不知往哪里走，大"野人"用嘴往山上一噘，表示要往山上走。小"野人"走到一块大石上，又不会过沟，大"野人"就用手抱着小"野人"一甩，甩到沟那边的一块大石头上，然后自己又跑过去，就往山上走了。她俩看到"野人"走过山梁，就跑回了家。

1976年10月8日上午，七一大队小学教师何启翠带领三年级和五年级小学生共10余人搞小秋收，经过石家坪。下午3点多钟，他们登上天子坪下沿，向西北望去，突然看到一个红黄色毛两足行走的动物，在天子坪茅屋丛中由东往西向坡上走去。一些年龄较小的学生当即吓得跑了下去。

何启翠老师和学生何相全、刘志海等没有跑。这个动物走了几步以后，按照逆时针方向在原地转了个圈子，同时用右胳膊肘抹了一下脸，用手撩了一下头发，看了看，然后又向坡上走。他们一直看到这个动物在距离他们约100米的地方横着走过坡去，走了约100多米远，翻过坡去不见了。回来后，他们将情况报告给了大队干部。

1979年5月4日，神农架林区无宝公社高桥小学的女学生黄智娇等6人（均为11岁）结伴去上学，在经过茅子崖时，见一个高达2米多的大红毛母"野人"站在路边笑着向她们招手。

一个星期之后的5月11日，同是这个学校的小学生博克前、莫显女两个男孩，在盘道拐弯处又遇到一个母大红毛"野人"向他俩招手笑。这些小孩被吓得哭着跑回了家。

事后，孩子们七嘴八舌描绘说：大红毛人笑时并不可怕。

云南野人在出没

中国云南的沧源是个多民族聚集的佤族自治县，与耿马、西盟毗邻，西南与缅甸接壤。境内气候炎热、雨量充沛、植物繁多、野果累累。在古木参天的原始森林中有无数的岩洞，这一切都为"野人"的生存提供了优越的生态环境。

勐来乡四永小学佤族教师李应昌是个精明强干的中年人，中等身材，枪法很准，是个著名的猎手。1980年春节后，他在翁黑村后面的大黑山集体狩猎中，击毙了一个从未见过的奇异动物，因其体貌酷似人形，而遭受众人谴责，使他的思想压力很大，唯恐政府追究刑事责任。因此，他顾虑重重，从不愿讲述这件事。经过公社党委书记做了耐心的解释，他才认识到把这一问题搞清，是对国家科学研究的重要贡献。他和爱人把猎获奇异动物的情况进行了认真、详细的回忆、讲述，并把珍藏下来的左掌标本及少量脑髓交给有关部门。

那事发生在1980年初，当时北国早已是冰天雪地寒冬季节，但地处亚热带的沧源山区，却依然是山清水秀、温暖如春。1月20日左右，勐来乡翁黑村田阮勐，背着火枪，到村后的大黑山南麓的山地里守庄稼。他也是全村著名的猎手，在多年的狩猎实践中积累了丰富的经验。他在地头上搭起了一个高高的望台，以便于登高望远，守护庄稼，又能随时观察野兽的动静。这天，他坐在高高的窝棚上，边吸烟边观察，仿佛没有看到什么。他爬下来向地边的森林走去，发现了许多新鲜的马鹿脚

印，凭他多年的狩猎经验马上判断这是一群马鹿刚从这里跑过。于是他提着枪，抄小路，爬悬崖，迎头赶到岔路口等候，他相信马鹿定会从这里经过。不出所料，片刻工夫，一队马鹿依次跳跃而过，他蹲在大树脚下隐蔽，端着枪，刚准备射击第一只马鹿时，第二只又跟着来了；准备打第二只时，第三只又跑来了。此时，一个奇异的景象出现了：在第四只最大的马鹿背上，只见骑着一个浑身长毛的人形动物，同时发现响亮的叫声，右手抓着鹿颈上的毛，一瞬间，其余的马鹿——从田阮勐的身边跳越而过。他记得非常清楚，那个人形动物个子为八九岁小孩那么大，但脸形却像十三四岁的男孩，毛发较长，红黄色，仿佛是穿着军装一样。他被这从未见过的奇异景象吓呆了，半天才清醒过来。

春节过后，田阮勐组织寨子里的七八十个青壮年到村后的大黑山原始森林围猎。他挑选了10多个枪法好的人间隔埋伏在西北部的山头上，特别把李应昌安排在他亲自碰到奇异动物的永爪岔路口上，其余的人从相反的方向，人喊狗叫地向埋伏区赶去。随着枪响，其他同伴打死了一个麂子和一只豪猪，但李应昌的面前却没有什么响动，正在纳闷，忽然在他的左前方的丛林里，响起了索索的声音。抬头一看，一个奇异动物正朝着他所在的方向顺坡跑来，跑几步甩一次头发，再跑几步又甩一次头发。李

应昌正准备开枪对，那家伙发现了他，便迅速趔头往回跑，动作非常敏捷。快上到坡头时，只见那奇异动物回头看着他。说时迟，那时快，李应昌瞄准其胸口，一枪把他打倒在地，直往坡下滚，死在山沟里，坡地上流着鲜血。

听见枪响，人们向李应昌围拢过来，一个人问他："你打着什么东西了？"

"什么东西，你们瞧嘛！"李应昌指着前方的猎物。人们走过去一看，大吃一惊，责备他为什么要打这个"达"（佤语：爷爷），因为眼前的死者并不是一般的野人，却是一个非常类似老头子的人形动物，头发很长，浑身毛发灰黑色，个子较高，约1.5米左右，脸白皙，有前额，眼大，眉脊和颧骨突出，鼻和嘴部稍凸，牙洁白整齐，有双肩，胸扁平，腰粗壮，无尾，属雄性，生殖器与人的相似。于是全村破除惯例，没有分食这个奇异动物。该村会计田上拐帮助李应昌一起把猎物抬回家，估计约有40千克重。李应昌把猎物交给老婆及其亲友刮洗烧煮后，他就跑到其他家吃麂子肉去了。其妻赵玉板按佤族人的习惯从猎物的每个部位上割下一块肉来，煮成一锅，但由于十分腥臭，没有吃完就倒掉了。后来李应昌只好将肉晒成干，经过一年左右才逐渐吃完，仅留下颏骨、左掌做纪念，留下胸髓做药。1982年因工作调动，他又将下颏骨连同其他兽头一并烧毁。

所留的下左掌标本，1984年1月以后，经上海、北京、中国科学院古脊椎动物与古人类研究所、动物研究所、上海华东师大、上海自然博物馆等单位的专家鉴定，一致确定为合趾猿。中国科学院学部委员、著名考古学家、古人类学家贾兰坡教授在鉴定书中指出："过去在我国没有合趾长臂猿的记录，这次发现了它的脚，就是很大的成绩，值得赞赏。"

合趾猿是各种长臂猿中最大的类人猿，原发现于印度尼西亚的苏门答腊和马来西亚，中国尚无记录，此次在我国是首次发现。该标本的主要特征是趾尖呈菱状球形，趾细长，大趾粗壮发达，对掌，趾甲尖而上翘，二三四五趾短于长臂猿，第二、三趾的第一关节有皮膜相连。由于合趾猿个体颇为高大，形象又与人极其相似，因而当地部分群众就把它误认为"野人"了。那么，还有没有其他的线索和踪迹呢？

在1982年8月，班列佤族社员包老大甩铁夹活捉了一个"古"，在家里饲养了两个多月，于10月因伤势严重才死去。死前，主人把它关在一个铁笼子里，出于好奇，徐守清曾两次进行过认真观察，这种佤族称为"古"的奇异动物，既不同于猴类，也不同于一般的猩猩：其貌酷似老人，面白，有额和下颏，眉骨；颧骨和嘴部稍突出，个头高大，约1.4米左右，毛发灰黑，长及肩，手、脚已基本分工，似人，看不到尾，只有一寸左右的无毛肉团，似一种尾巴蜕化形式。有喜怒哀乐和怕羞的表情。另据当地著名猎手田尼块告知，他曾于近年内捕获过3个"古"，有雌的，有雄的，有大的，也有小的，并在森林中作过详细的观察。"古"除上述特征外，它还会到河里捉鱼、抓螃蟹，会搬动树干、捉土蚕，七八十个群居，基本生活于地面，偶会爬树，但不能跳跃。有极强的集体感，相互关照，若同伴不幸被击伤，就集体帮助转移；若被击毙，则一同把它背到隐蔽地，剜土掩埋，实行"土葬"，两性关系固定、隐蔽等等。这些都说明，"古"是一种我们现在还未知的类人动物，其形象与李应昌捕获的奇异动物极其相似，是否同类？还是其他未知的灵长类？有待于深入地考察。

"野人"现身湖北大冶

2001年10月22日，湖北大冶市殷祖镇高墙村农民柯长加上山砍柴时，突遇一赤身裸体、全身长满黑毛的"野人"，柯立即下山喊来村民，但"野人"已不知去向。

事发于当日清晨6时许，柯在该村大秦岩坳下树林砍柴，突然发现身旁近5米远处站立着一"野人"，身高1.8米左右，裸体、全身黑毛、红眼睛、塌鼻子、下巴上翘，上肢较长，驼背哈腰，呈现雄性特征。双方对望10分钟后，"野人"转头向树林深处走去。

民警走访曾到过该处的部分村民，均称以前并未发现类似的"野人"。

因土壤干燥，地面又铺满树叶，搜索过程中，没有发现"野人"留下的任何痕迹。

此地树深林茂，在这之前，从未发现过"野人"。有人说村民发现的"野人"很可能是猩猩之类的灵长类动物，但上述说法有待专家深入实地进一步考证。

"野人"也有情感吗

1984年7月，香港《星岛日报》有这样一篇报道：14岁的加拿大女孩茱莉·马基的经历，是同年纪的女孩从未有过的，甚至于大人们也难得有机会遇到。小茱莉成功地替一位难产的妈妈接生，但这个孕妇却并非普通人，而是一直令人困惑不解的"大脚怪"。

金发碧眼的小茱莉的确是一个勇敢的小女孩，她彻夜不眠，足足守候在这个正在分娩中的"大脚怪"身边10个小时之久，它腹中的胎儿位置颠倒加剧了它分娩的痛楚，令它发出可怕的吼叫声。

　　幸好，自小在农场长大的茱莉对于这种难产并不陌生，因为她曾经有过两次帮忙她父亲替牧场里难产母牛接生的经验，胎儿在母亲的生产道里首脚倒置是难不倒茱莉的。

　　"我很清楚地知道应该怎样做。"茱莉开始忆述她那段奇异的经历，"不过，问题是，我必须说服自己接受一个事实——那个待产妈妈并非一只牛，或甚至不是一个人，我实际上是替一个'大脚怪'接生！"

　　茱莉这个叫人难以置信的经历是发生在马基家的农场，这个农场位于加拿大西部阿拔托省卡加里市西面约130千米的地方。茱莉的父母趁着周末到市区洽谈一宗农作物的交易，只剩茱莉留在农场照顾她7岁的弟弟添美。

　　茱莉回忆说："那晚添美和我刚吃完晚饭，我决定去谷仓看看我们的4只乳牛是否已经躺下休息。

　　"当我行近谷仓的时候，我听到一阵阵低沉的呜咽和咕噜声，初时我还以为是其中一只牛出了麻烦，所以我就立即飞奔到谷仓里看个究竟。

　　"我拉开谷仓那扇大木门，走到拴牛的地方，只见4只乳牛都好好地躺在地上，没有发出叫声。而此时，刚才那种低沉的呜咽声却越来越大，就好像一只动物受了重伤似的，这声音显然是从谷仓的另一边传来，于是我就跑过去看个究竟。

　　"我们的谷仓不算大，当我一转头跑过另一边时，差点儿就被绊倒在地上，我无意中踏着地上的一件庞然大物，它就躺在干草堆的后面。

　　"初时，我以为见到的是一只受了伤的熊。但是，当我看见它的脸时，我知道它不是熊。我曾经听过很多有关'大脚怪'的故事，它们跟人类有很多相似的地方，我深信眼前的生物正是传说中的'大脚怪'。"

对于一个14岁的女孩来说，眼前这个情景实在太不可思议了，惊讶和恐惧混集，使茱莉很自然想到要去告诉爸爸妈妈。不过，她立刻就醒觉到这时候家里并没有大人，而最近的人家也要走上半小时才能到达。

"我当时手足无措，不知道应该如何是好，我躲在草堆背后，探头偷看它的情况，它看来非常痛苦，渐渐地我觉得它发出的吼声不再那么可怕，反而，我开始担心它的安危。"

最后，茱莉的同情心战胜了恐惧，在草堆背后战栗了好几分钟后，茱莉终于鼓足勇气，走到这只被痛苦煎熬的生物前蹲下来。

"当我走到它身边时，它提起了一只手友善地摸摸我的手臂，好像向我表示它需要人帮助。它真的很大、很大！如果站立起来，它的身高差不多等于两个我。我知道它是女性，因为它有女人的乳房。不过，除了面部外，它整个身体都长满浓密的长毛，而且身上还发出一股令人作呕的气味。它的呻吟声听来像要生产婴孩，事实上的确如此，因为我见到它的下体正掉着一个胎盘。

"我以前协助过爸爸替母牛接生，所以我知道这时候的'产妇'最容易着凉，于是，我决定跑回屋里取几张毡给它盖。

当我站起来准备离开的时候，它的眼神好像很失望似的，于是，我尝试安慰它，用动作向它解释为何我要离开一阵子，它看来真的明白我的意思。不过，当我拿毡回来的时候，它的情况比先前更加糟糕，我可以从它脸上的痛苦表情看出来。"

在随后的几小时内，求助无门的小茱莉就只好坐在这位"大脚怪""妈妈"的身边。不过，当这位长毛"孕妇"的分娩阵痛越来越剧烈的时候，茱莉醒觉到它的分娩可能出现了麻烦。

"我突然想起以前协助爸爸替母牛接生的情形，其中有两次牛胎在母牛体内倒置了，当时它们的痛苦情况就跟现在的一模一样。

我知道这时候不帮它尽快把'孩子'生出来的话，它和体内的'孩子'都会死。我懂得怎样处理这种情况，不过，我很惊慌，因为它不是一只母牛，它像人一样。"无论如何，小茱莉做出了最明智的决定，她要替这个"大脚""孕妇"接生。

"我开始向它解释，我不知道它明白与否，不过，它看来好像很信任我，愿意任我摆布。我开始模仿爸爸替难产母牛接生的办法。

"首先，我把手伸入它体内探索胎儿的位置。初时，我只摸到一只脚，然后在较高一点的位置又摸到第二只脚。我把两只脚拉直，然后用尽九牛二虎之力试图把'孩子'从'产妇'的阴道口拉出来。

"那只'大脚怪'妈妈痛得大声叫喊起来，但最后，胎儿的头部终于顺利滑出来。它立即把'孩子'从我的手攫回去，然后开始用舌头替它清洁身体，就好像母牛替牛犊清洁一样。

"我一直陪着它至天亮。它的身体复原得很快，当太阳刚刚升上来的时候，它就抱起全身长满长毛的'孩子'离开。我不知如何是好，只有眼巴巴看着它们离去。不过，它行了不到两步就回头定睛望住我整整一分钟，然后就头也不回地，从谷仓的一个窗口钻出去，走入附近的丛林。

"我永远都不会忘记它望住我的神情，它是要向我道谢。"

野人与人生育的"混血儿"

在海拔1150米的神农架廖家垭子有一个野人洞，洞口立有一块野人碑，立碑时间是清乾隆五十五年冬。

清同治五年修的《房县志》说："房山高险幽远，石洞如房。多毛人，长丈余，遍体生毛。时出啮人鸡犬，拒者必嫂攫搏。以枪击之，不能伤……"

由于野人的智力不及现代人类，无法与人交流，因而每当野人与人遭遇，就有可能酿造祸端，上演种种悲剧。1976年冬，吴德立带着18岁的哑巴儿子到麦兰皮供销社去卖青藤。天黑时分，走到松望峡，突然从峡谷里的草丛冲出一个野人，把吴德立拖进仁和寨大森林的山洞。他的儿子跑回家求救，但人们找不到他。

在神农架，也有母野人裹掳男人的事发生。据当地的老人讲，1915年，房县一猎人正在树下打瞌睡，一个母野人突然出现，先撕死了他身

边的猎犬，然后把他抢在怀中，翻山越岭，进入峭壁上的一个山洞，猎人曾趁野人外出逃跑过，但很快在盆洞中迷失方向。

中国湖北发现了世界首例活体"杂交野人"！这是一个惊人的消息。1998年9月26日，在总部设于武昌的中国"野人"考察研究会，一些传媒记者通过观看录像，亲眼目睹了这一世界奇观。

当地一些媒体的记者看到，屏幕上出现的"杂交野人"系雄性活体，它头部尖小，长有明显

的矢状脊，身高约2米，赤身裸体，步幅很大，四肢及形体特征均似"野人"。但它无"野人"那样的长毛，也没有语言。

中国野考会负责人李爱萍告诉记者，这一珍贵的录像资料是她去年底清理父亲遗物时发现的。其父李建1995年去世，生前任中国野考会执行主席兼秘书长，毕生致力于神农架"野人"考察，享誉海内外。

现已查实，该录像资料是1986年由野考会员在神农架毗邻地区拍摄的。当时，"杂交野人"33岁，其母健在，该妇早年丧夫后一直守寡，对杂交孩子一事羞辱万分，始终不肯向调查者透露半点细节。

李爱萍女士说："好在她的大儿子、'杂交野人'的哥哥是队上干部，在得到野考会会员'保密'的承诺后，讲述了其母被'野人'掳去并杂交后代的'隐私'。"

据悉，"杂交野人"生母现已去世，野考会会员当初与其家人关于"不得在她生前公开'杂交野人'消息"的约定随之解除。李爱萍女士透露，据她获知的最新信息，该"杂交野人"至今健在。

曾任林业部野生动物保护司司长，时任湖北省省长助理的江泓在先期观看了有关"杂交野人"的录像资料后，表现出浓厚兴趣，并就如何进行科学鉴定和揭秘等问题提出了具体建议和意见。

自1974年湖北房县桥上公社清溪沟农民殷洪发遭遇"野人"开始，目击"野人"甚至与"野人"搏斗的人不断有增，规模不等的中国"野人"科学考察，至今已历20余年。其间，尽管"野人"目击者不断增多，"野人"脚印、毛发、睡窝等实物也时有发现，但活体的"杂交野人"还是首次发现。李爱萍称"根据本会掌握的资料表明，这也是世界首次报道"。

在中国历史上，"野人"掳人为偶的事古已有之。晋代的《搜神记》、宋代的《江南木客》、清代的《新齐谐》等都记载了此类奇闻轶事。最为详尽的是唐人笔记文《广异记》中记载的一件"野人"强抢妇人为妻之事。

据了解，在此之前首例见诸报道的"杂交野人"是三峡巫山的"猴娃"。1939年3月，巫山县当阳乡白马村（今名玉灵村）一妇女产下一个外表如猴一般模样的婴孩，这位取名涂运宝的男孩身上长有又细又长的毛，脑袋很小，直径约8厘米，脸型上宽下窄，腰背及两腿弯曲，手大且指头尖锐，似猴爪；它无论寒暑总是赤身裸体，还好吃生冷食物，颇似人们传说中的"野人"，所以它便被当地山民称作"猴娃"，并传播开去。

"猴娃"母亲智力、体态均正常无异，缘何生此怪孩？——村上人说，这位母亲1938年7月间曾被"野人"抢进山洞生活过，孩子就是因此怀上的。可惜的是，"猴娃"因一次无意中让炭火烧伤了屁股，从此身体日趋衰弱，于1962年8月间病故。

"猴娃"的故事是一位四川工程师最早讲述给当时的中国"野人"考察队队员、上海师大学生李孜知悉的。李孜如获至宝，他曾与人多次前往探望"猴娃"生母，终因她不愿承认被"野人"掠去强迫生子的"丑闻"无功而返。

著名野考专家、原华东师范大学生物系讲师刘民壮闻说此事，急急赶到巫山，在当地有关方面协助下挖出"猴娃"遗骨，并进行了初步测量和研究。

在刘民壮先生1979年9月发布的《巴山猴娃科学考察报告》中，虽没有肯定"猴娃"就是其母与"野人"杂交所生后代，但对"痴呆症"、"特大返祖现象"等猜测予以了否定。其于1980年在《科学画报》第4期发表《猴娃之谜》一文，进而提出"如果说猴娃是人与'野人'杂交的产物，那倒是很有可能的。因为巴山本是'野人'频繁出没之地，况且历史上也曾有过类似的记载"。

冈底斯山中的"切莫"

西藏的萨嘎到仲巴一带，野人出没盛传已久。1996年9月，中韩联合登山队攀登的冷布冈日峰，恰好位于萨嘎与仲巴两县之间。这就给了新闻媒体的体育记者一个了解这一带有关野人传说的机会。

冷布冈日位于著名的冈底斯山脉中段，也是冈底斯山脉的最高峰，海拔7095米。1996年9月14日，记者和登山队员一起到达冷布冈日，在海拔5266米的山脚下扎营完毕，营地旁的两户藏族牧民就来与登山队员寒暄，藏族登山队员扎西、拉巴则充当了翻译。

聊天中记者得知，两户牧民的主人，一个叫尼玛，21岁；一个叫赤丹旺加，38岁。由于大雪封山季节将至，他们本已准备把牛羊从高山牧场转移到冬季牧场，看到登山队员来了，他们便决定再多住几天。

10月21日，中方总队长李致新与拉巴去海拔5600米的前进营地，途中发现了一串奇怪的脚印。李致新"排除"了熊印的可能，并拍了照。藏语翻译拉巴这时说，当地老乡告诉他，这一带野人活动频繁。有个十几岁的牧民男孩晚上在羊圈睡觉时遇到野人袭击，耳根被扯烂，耳朵被拉扯到嘴巴的地方，现在还歪长在那里。

一回到大本营，拉巴就兴冲冲地向尼玛和赤丹旺加描述见到的脚印。

"那就是'切莫'了。这一带野人每年都会出现一两次。"

当地藏语的"切莫"，就是野人。

　　冬季逼近，冷布冈日地区已经很冷，晚上气温通常在零下20℃左右了。10月22日，午夜刚过，帐篷外面突然传来群狗的狂吠，并且好像在追逐着什么。随队记者被狗叫吵醒了，怎么也无法入睡，便在那儿胡思乱想是狼呢？还是野牛？是熊，还是野人？

　　第二天，牧民说，昨晚"切莫"经过了这里。秋季是"切莫'活动最频繁的季节，但帐篷多的地方"切莫"轻易不会靠近。

　　早餐时，野人成了大本营人员的热门话题。中国登协秘书长于良璞鼓动说，就野人这个专题，好好采访一下牧民如何？

　　10时，尼玛、赤丹旺加被请来了。

　　众人在大本营的帐篷前围坐一圈，听他俩讲述冷布冈日一带野人的故事。韩国人也被这个全世界都很感兴趣的话题所吸引，也跑来听故事了。

　　尼玛说，他小时差点被"切莫"杀死。有一年在一个叫阿喀宗的冬季牧场，当时他正在放羊，忽然看到一个身上长毛、直立的庞然大物远远地向他走来，他吓坏了，立即找了个狭窄的石洞里躲了起来，"切莫"围着他躲藏的地方转了很长时间，因为进不了他躲藏的地方，先是急得"嗷嗷"叫唤，后来就沮丧地走了。

年纪大些的赤丹说，"切莫"杀人，也喜欢吃肉，但却不吃人肉。他指着山脚正东方向说，1984年，他们村里，就是"虾给村"，有个43岁的女人放牧时被杀，女人头皮被撕下，两肋被打烂，过了好长时间村里人才发现，但被杀女人身上没有嘴撕咬的痕迹。村里人发现后，带着猎枪沿着地上的血迹追捕"切莫"，追了很远，但没有追上。

赤丹还描述"切莫"的形象说，"切莫"的嘴有点尖，会发出嘘嘘声。脸长有毛，但毛不多。耳朵很像人，能直立行走，大的两米多高。腿上毛比较长，身上毛较短，毛棕灰色，"切莫"都没有尾巴。他的力气很大，用上肢就可把牛羊撕开。"切莫"都是一家家地活动，每个家庭大概有五六个成员。

赤丹还用手在地上画出了野人的足印和手印形状。登山队随队记者看他在地上描画的手爪形状很像大猩猩，但登山队有人否定了这个猜想。因为这一带从没有猩猩活动的说法。

据中韩联合登山队随队记者披露，近年关于"切莫"活动最轰动的事，发生在1994年8月间。在登山队大本营东面的山坡下，有个名叫"良布"的村庄。那是8月的一个深夜，良布村牧民的羊圈突然遭到"切莫"的袭击。

羊群的惨叫声惊醒了牧民，5个青壮牧民立即骑上马，带着网，向山上追去。途中，他们发现了一个母"切莫"领着4个小"切莫"正向山上逃去。赤丹说，不知为什么"切莫"特别怕马。那5个骑手很顺利地用网把这一大四小5个"切莫"全都困住，然后通通杀死了。

"后来呢？"我问道。

"5个牧民把杀死的切莫都丢弃在山上了。后来听说山外来了个人，用车把它们拉走了，但不知道拉到哪儿去干什么用了。"

大本营中有人怀疑是棕熊。但赤丹很肯定地说，"切莫"不是棕熊，因为他发现过野人的洞穴，里面有用来做垫子的羊皮，这羊皮显然是"切莫"杀死了羊后自己剥下的。他还指着大本营正东方向的对面山坡说，他在那边就发现过切莫的洞穴，里面还有猎物的骨头。

故事听到兴头，记者问尼玛和赤丹："你们能带我们去找野人吗？"

"如果有枪的话，我们肯定能帮你们找到野人。"

为什么要带枪呢？他们解释说，"切莫"一般不会主动袭击人，但面对面相遇，他会拼命的。

这时登山队有人插话说，日本有个机构悬赏活捉野人，奖金50亿日元，谁要抓到野人就"发"了。这天方夜谭把大家都逗乐了。

说笑归说笑，记者倒是真打算抽空专程下山一趟，去浪布村采访捕杀5个"切莫"的当事人。但风云突变，后来就没有机会了。

23日夜，冬季的第一场大雪突然向冷布冈日扑来。

24日，为防止被大雪困在冷布冈日山区，中韩联合登山队决定立即拆除帐篷撤出冷布冈日。同时派人上山，通知前进营地的中韩双方队员紧急下撤，据这名记者所写，那天他也去了前进营地，在风雪弥漫的山途中，突然发现大约百米左右的地方，一头巨大孤独的黑牦牛正扭头打量着他。在西藏曾多次听说，野牦牛都是独自行动的，而且力大无比的野牦牛能把越野车顶翻，要是与心怀敌意的野牛遭遇，就只有死路一条了。

与这庞然大物猛然遭遇，记者心中一惊。此时他已经走得很累了，环顾四周竟无一巨石可供周旋。眼下这牛对他的威胁比"切莫"要现实多了，惹不起咱还躲不起吗？于是他朝着相反的方向走去，他一边走，一边回头打量，那牛竟一动不动地盯着他，直到看不见了那牛时，记者忽然发现，他竟出了一身汗。

向人求偶的"野人"之谜

班洪，位于沧源县西郊，与北部大黑山原始森林相接；南部属南滚河自然保护区，这里林海辽阔，面积约11万亩。境内动植物资源十分丰富，也是"野人"经常出没的场所。

1967年9月，17岁的胡德仁，初中毕业后在家务农。一天清晨，生产队安排他跟舅舅张老大到马伴边守苞谷。

马伴边离班洪大寨约10余千米，位于大黑山西南麓，北面是森林，南面是坡地。为了便于看守庄稼，他们在苞谷地里盖了两个临时窝棚，一个靠地头，一个靠地脚，两个窝棚的距离不远，相互呼喊可以听得到，但由于成熟苞谷的遮挡，却彼此看不见。

这天上午10时左右，张老大在地脚的窝棚里煮饭烧茶，胡德仁驻守地头窝棚，半坐半卧地靠在床边休息。忽然从门外看见一个类人的奇异动物从山林里出来，走近他的窝棚，见到胡德仁便龇牙一笑，当时，胡德仁惊恐万状，吓得呆若木鸡。

"野人"首先大力摇晃窝棚。随后，"野人"就走进了窝棚，用双手抚摸胡德仁的胸口，并侧身倒下……

胡德仁感到"野人"的手心是温暖的，并无伤害之意。此时，胡德仁看清了，"野人"是个母的，个子比他还高，乳房约30多厘米长。浑身裸体长毛，头发较长，毛发稀疏呈黑红色，可见其黄色皮肤，额部较狭小，眉脊突出，眼大，眉以下与人类极其相似。张德仁吓坏了，想叫也叫不出来，想反抗，手脚不听使唤，直到张老大高声呼喊，责骂外甥偷懒时，"野人"才匆匆离去。"野人"走时，背微弯，身摇摆，姿势就像初学会走路的小孩那样，不慌不忙走向山林。待"野人"走远，胡德仁才跑到其舅舅身旁，把上述遭遇"野人"的情况一一讲述。此后，他再也不敢到那里守苞谷地了。

据沧源县"野人"目击者所言，学者认为存在的"野人"也有两个品种：一是小种，主要特征是个体较小，一般在1.5～1.8米左右，毛发多灰黑色；二是大种，主要特征是个体大，一般身高在两米左右，毛发较长呈棕红色，雌性的乳房较大。两种"野人"有一个共同的活动规律，就是在一年当中的8、9份出来寻找食物或是寻觅配偶。

1982年8月底，"野人"连续几次夜闯班洪大寨胡德礼家竹楼。

胡德礼是一个精明强干的佤族中年男子，时年44岁，很有胆识。他家的竹楼，居于村寨之中。

胡德礼的妻子是一个秀外慧中的傣族妇女，有两个儿女，母亲有时和他们生活在一起，胡能操汉语，而且说得十分流利。1982年8月底，爱人带着女儿回娘家去了，家里只有他和小儿子。

30日那天晚上，他照例领着儿子在里屋安歇。大约凌晨5时多钟，响声使他突然从睡梦中惊醒，又听到拨了几下门闩后，一个家伙匆匆走进家来，只听到竹楼发现咔嚓咔嚓十分粗重的脚步声。胡德礼立刻翻身起床，左手拿电筒，右手从枕头下抽出匕首，迅速追了出去。看见一个高大的全身长毛的裸体女人向门外跑去。追至门口，它已逃之夭夭，不知去向。胡德礼很是纳闷儿，他家养的看家狗还好好地侧卧在门口，胡用电筒一照，狗既没有受伤，又没有跑掉，为什么有人进家，不叫不咬呢？

进房后，胡德礼把门重新关好，还特别加固了门闩，然后才进去入睡。他在床上，翻来覆去睡不着，过去常听人说，山林中有"野人"，但他未亲眼见过。今晚闯进家来的是不是"野人"？还是其他什么东西？它为什么是直立行走的？浑身又长毛？想着，想着……终于睡着了。

就在天蒙蒙亮的时候，突然一阵急促的脚步声，又把胡德礼惊醒了。当胡德礼坐立起来去拿电筒的时候，只见一个高大的雌性"野人"站在内屋，呲牙咧嘴，伸开双臂直向胡德礼扑来。胡用尽全身力气，一拳向"野人"打去，正打在"野人"的腹部。胡又从枕头下抽刀，准备和"野人"拼搏之时，"野人"才仓皇逃走。胡一直追到门口才停步。

据胡德礼回忆，第二次来的"野人"也是个雌的，乳房很大，个子也很高，头部到达竹笆顶，经调查时测量竹笆高2.15米，说明"野人"也达两米左右。"野人"头发灰黑色，长及臀部，身上的毛较稀疏。"野人"呲嘴时，胡看见其牙较大，约一般人食指那么宽，而且鼻高，眉骨和颧骨部较突出。

广西、贵州山区出现的"野人"

1931年，国民党的军队在贵州黎平县捉到的一个身高达两米多的母

"野人"，用铁圈套在脖子上游街示众，一路上引起成千上万的人围观。据当时围观者李达文回忆，这个"野人"毛发呈灰白色，直立行走，年纪已老，众人看它，它也看人，一点也不害怕。

中国"野人"考察研究会会员、广西三江侗族自治县高禄公社干部马贤，1984年6月间，在广西北部元宝山进行科学考察中，发现了"野人"粪便和"野人"爬上大树留下的爪印多处。同时还发现"野人"挖烂树蔸找蚯蚓吃的新泥坑，以及"野人"在大树上用树枝造成的"坐凳"、"摇床"以及它们的睡址、睡洞。

马贤听当地猎人说，最近有一个采药人到人迹罕至的"险区"，看见两个赤身裸体，全身灰毛，披肩长发，像十八九岁的女人那样高大的雌性站立的人形动物。

贵州黔东南苗族、侗族自治州的雷公山南麓，有一片方圆近百里的原始森林。那里自然资源丰富，不仅野果、鸟类，各种小动物随时可见，还有野猪、山羊、虎、豹、熊、鹿等野兽。古木参天、环境阴湿，常有"野人"出没。1978年3月，宰勇公社武装部长盘寿福经历了一件与"野人"共度寒宵令人紧张害怕的稀奇事。

老盘这天与当地猎人赵顺仁、梁远正相约，决定到附近的九洞山打锦鸡。锦鸡的特点是昼夜多栖于林间，树高叶茂，不易发现，清晨才下地觅食，漫山遍野，雌雄互唤，这时猎人才易发现目标射击猎取。

为了在天亮前赶到目的地，盘寿福他们天黑便从住地出发，打着手电筒行30多里路来到了森林边缘，但离天亮时间还很长，春寒料峭便生火取暖。烤了一夜，由于行途疲劳，两个猎人很快睡熟，老盘靠着土坎渐渐入眠。

朦胧中，盘寿福感到有人走动，他微微睁开眼，看到一个不知从何处而来的全身毛乎乎的东西在添柴烤火，他吓得不敢动弹，也不喊叫，紧缩着身子假装睡觉，并不时偷眼看着。

过了一会儿，火燃大了，那怪物怕猎人烫着，还轻轻将猎人的身子转过去。这时，老盘不像刚开始那样怕了。他偷偷地仔细观察那"野人"，"野人"的头和脸，像个蓬头发、长胡须的老头，脸颊长绒毛，鼻梁稍塌，浓眉；耳朵、嘴巴与人无异；立着行走。蹲下烤火，身高1.6米左右，全身毛光滑，呈青灰色，脚板比人的长大、脚跟稍后突出，四肢肌腱相当发达，腰短、身子敦实健壮，力大超人，雄性。

大约个把小时，它走了。这时，同来的两个猎人才说话。其实他们早已醒了，他们对老盘说："这是'野人'，不必害怕。我们已看到多次了，不要说话打扰它，大家装着睡觉，让它给我们烧火烤。现在是拣柴去了，等会还要回来的。"过了二三十分钟，果然，它抱着柴又回来了，一直烧到快天亮，它才离开。

"野人"单个活动，来去迅速，性格温顺，和善，不怕人，只要不受到攻击，就不会伤害人类。

小兴安岭"野人"

1964年，据在小兴安岭某地独立执行任务时任某部通讯兵班长的李根山称，他所在的那个班十几个人曾多次见到一个遍身长毛、比人高好多的"野人"，而且两次和"野人"对打，后来还亲手埋葬了这个"野人"的尸体。

1964年7月的一天黄昏，李根山班长和班上的战友们执行任务返回驻地安置就绪准备吃饭，忽然一个战友大叫："快出来看啊！"只见南山坡上，相距三四百米处，直立着走下来一个黑乎乎的"大物"，直向帐篷奔来。原先以为是熊，但越看越不像。有人要开枪，被制止了，

"等它过来再说……"这个"大物"折向帐篷附近的一个小湖，细看不是熊而是人样，手里还握着一根棍子，是握住挂着的。它走到水边，先望了望，便蹲在一块石头上，伸手捉鱼。捉到鱼，用指划开鱼的肚子，还将鱼放到水里洗洗后，就用两手捧着嚼食。吃完鱼，竟走到帐篷旁边坐下了。它走得很慢，拖着棍子走。坐下时，身高有1.2米。

一些通讯战士们想活捉这个"大物"，便从两侧包抄到它的身后。班里胆大力大的"大老黄"摸到"大物"的身后，一只胳膊搂住了它的脖子，他的左胳膊被它抓了几道深沟，痛得松了手。"大物"使劲站起来，老黄被撞了个后坐地。待其他同志正准备上时，它已经逃跑了。跑时是用两脚，拖着棍子，跑得极快，转眼进了树林。

根据大家的观察，事后对这个"野人"的形象作了这样的概括：雄性，约两米高，全身长着3厘米长的棕黄色的毛，只有脸上颧骨处没有毛，可以看见脸上的皮肉。黑色的长发披垂到肩，嘴上的毛像长胡子，胳膊、腿部都很长，手像人手，但比人手大得多，脚长40厘米，脚趾像人的，约5厘米长，耳、鼻也像人的耳鼻，但大得多。手里拿的棍子约1.2米长，估计约6～7厘米粗，呈浅黑黄色。

几天后，有一天的半夜两点半多钟，哨兵猛然发现，这个家伙不知什么时候钻进了帐篷里的伙房。他赶紧喊醒大伙，大家都屏住气偷偷瞧着，它一个腋下夹着一个圆铝盆，走出帐篷不远坐下，一手端盆，一手挖盆里的面条吃，吃完躺下。

过了约40分钟，它却甩起手来，又过了大约二三个小时，听它"哼"了几声，战士们有几个人轻轻靠近，猛然冲上，按手的按手，压腿的压腿。它却一动不动，原来它死了，肚子鼓鼓的，可能是吃面条胀死的。

当晚，大家在附近小山沟里埋了它的尸体。离开这个地方时，他们还用树枝树叶盖了盖它的坟墓，待完成任务20多天转回来时，可能是被什么东西刨出来吃了，只见剩下一堆乱骨头。

李根山后来回忆起这件事，深感遗憾，未能捉住活的，也未收存下这些遗骨，真可惜！

秦岭"野人"

由于人类足迹的逼近，"野人"迁到无人的高山区生存，但"野人"还时常跑到有人的高山觅食。高山区的农民在作物成熟时，既要阻止狗熊、野猪、猴子等动物的侵袭，又要防范"野人"的侵扰。

一年四季，从春到冬，"野人"饮食来源各不相同。大体来看，春天山中能吃的东西较少，因为当年的野果尚未成熟。"野人"除了吃长在高山剩下的野板栗、野橡子外，往往要到海拔七八百米左右的低山沟及沟谷地方，寻找嫩叶、嫩枝及春笋吃，也偷吃人类种植的洋芋等农作物以及饲养的小猪等。随着夏季的来临，"野人"逐步向海拔千米以上的高山运动，因为各种野果是由低向高逐步成熟的。"野人"喜食苞谷。当低山苞谷成熟时，高山苞谷还是嫩的，"野人"便随季候而追逐鲜嫩的食物。到了严寒大雪的冬天，"野人"们会出来觅食。神农架有人发现它们用手挖开山上积雪，寻找下面的野栗、野橡子及植物的根茎吃。

在原始森林中，有大量的各种野果成为"野人"丰富的食物来源。山中野栗、野橡子多，由于有壳及冬季高山严寒构成自然冰库的条件，"野人"可吃到第二年三月，而野栗、野橡子不腐烂。野栗、野橡子既含淀粉又含糖分，可能是"野人"吃得较多较久的野果品种。因此，不少目击者反映在野栗树、野橡子树旁见到"野人"。

樊井泉就是解放初期在栗林中连续两次见到母"野人"的。

太原钢铁公司退休干部樊井泉说：1954年，我在重工业部（后改称冶金部）下属的一个西北地质队工作。一次，地质队沿陇海铁路南侧（秦岭北坡）由东往西进行普查，在宝鸡东南接近太白山一个远离居民点的林中窝铺，遇到了姓肖的两位老人，他们是兄弟。这里海拔两千多米，是半山坡，方圆几十千米就他们一户。他们家也没养狗，他们在向我们介绍情况时提出该地常有'野人'出没。"

据樊井泉称，当时两位老人在向地质队介绍情况时，谈到了该地的大森林中经常有"野人"出没，每天碰到"野人"不下十数次。尤其是秋冬两季，"野人"出没更加频繁，在野板栗林中极易碰到。

在地质队准备转移地点时，樊井泉出于强烈的好奇心，请向导带路去他们经常碰到"野人"的栗子林，去看看"野人"是什么样的。樊井泉给老人一部分钱，再三央求。老人才答应了他的要求。

第二天下午，樊井泉与向导偷偷离队，到离窝铺约5千米远的野栗林里去。到栗林的时候，已是近黄昏了，林中到处是前一年里落下的野板栗。老人每年秋天都到这里来大量采集，碾成粉后，全年均可充作粮食。

在天空尚有余晖的时候，"野人"来了，还带着一个小的。"小野人"身高也有1.6米左右。当时，由于樊井泉穿的仍是地质队员的服装，这头母"野人"似乎对他十分警惕，始终保持200米左右的距离。而那头小"野人"却是"初生牛犊不怕虎"，竟然跑到向导那里白吃他拣好的野栗子。那母"野人"不时发出非驴非马的咕叫，不时把小的唤到身边。

林中小树很多，"野人"时隐时现，眼看太阳快要落山，老人担心樊井泉的安全，便匆匆赶回营地。

第二天，他们又去，没有碰上。樊井泉仍不死心，第三天又去。

出乎意外，这一母一小早已在林中游荡。看到樊井泉二人后也不像头一天那样保持警觉。樊井泉按照向导的吩咐，一边假装拣栗子，一边向"野人"接近，老人为了保护樊井泉，有意挡在前面。

慢慢地，母"野人"也走近来了，樊井泉并没敢站起来，一边装着剥栗子，一边用惊奇与恐惧的余光，把母"野人"看得一清二楚。这一野人的形象和人们描述的差不多，膝盖上长满棕红色的毛说明它平时并不爬行。

在"野人"慢慢离开后，他们才站起来，急急地赶回营地。

途中，老人还告诉樊井泉，这个"小野人"是他看着长大的，有六七个年头了。老人还介绍说，"野人"住在山洞里，洞口较小，进洞后会有大石头封住洞口，防止野兽偷袭。

樊井泉由此认为"野人"并非像人们所想象的那样凶狠，而是完全可以接近的。而接近的办法则应采取循序渐进、逐步积累的方式。

一年以后，地质考察结束。当时的前苏联专家从各地质队汇报中知道了"野人"的细节，因而，前苏联学者也由此作出了关于秦岭一带有"野人"的推论。

喜马拉雅山"雪人"

在中国的西藏高原，雄伟的喜马拉雅山巍峨矗立，其最高山峰珠穆朗玛峰也是世界上最高的山峰。峰顶时有时速达300多千米的强风吹袭，刮起漫天雪片，其美丽的景色既让人惊叹，又让人望而却步。

然而，就在这"世界屋脊"上，却时有目击者发现"雪山野人"的踪迹。

雪山"野人"，也叫"雪人"，目前已考察到"野人"不仅能直立行走，没有尾巴，全身有毛，似人形，而且会发出各种表示喜、怒、哀、乐的声音，还能用石头、木棒击物，模仿人干简单活。"野人"对人一般无伤害之意，除非它发现受到袭击时，才会攻击人。

早在18世纪，美国人和英国人就在喜马拉雅山发现了"雪人"，19世纪50年代苏联出版了专著《雪人》。中国登山队也在珠穆朗玛峰遇到过"雪人"。直至今天，"野人"仍屡见出没，引起了许多人的兴趣。

那么，喜马拉雅山真的有雪人吗？人们之所以相信其有是因为有许多目击者，之所以怀疑其无是因为至今仍未抓到过一个真正的雪人。不过，听许多目击者所述之详细，倒也难得不信了。

1954年，《杰里梅尔》报组织的由动物学家和鸟类学家组成的雪人考察队，来到尼泊尔方面的喜马拉雅山考察。考察从1月一直持续到5月。令人遗憾的是，他们从没目击过雪人。不过，这并不意味着他们收获不大。收获之一是他们找到了长达数千米的连续脚印；另一个收获是他们在潘戈保契和刻木准戈寺发现了两张带发头皮，据说是雪人的，已保存了300年之久。头发是红色和黑褐色的，顶部正中向后隆起成尖盔状。经鉴定，这两张头皮不是人的，而是一种似人灵长类的。也许当地人并没撒谎。此外，他们还访问了当地舍尔帕族和藏族居民，请他们中的目击者说雪人的形状和行为，令考察队员们震惊的是，目击者们对雪人的描述竟惊人的相似。这意味着什么呢？

1956年，波兰记者马里安·别利茨基专程到西藏来考察雪人。他没有多少收获，只是搜罗到一些故事。他有幸找到一位自称目击过雪人的

牧民，这位牧民说，1954年，他随商队从尼泊尔回西藏，走到亚东，在一个村旁的灌木林里，看到了一个浑身是毛的小雪人。马里安·别利茨基背着这些未经证实的故事，兴冲冲地返回波兰。

1958年，地质学家鲍尔德特神父随法国探险队来到喜马拉雅山考察。在卡卢峰，他发现了一个刚刚踩出的足印，那只脚一定相当大，长三十几厘米，宽十几厘米。当时他特别兴奋，以为朝思暮想的雪人就在不远处，他一定能荣幸地见到它。可是，在附近找了半天，没见到雪人的踪影，他难免有些沮丧。

1958年，美国登山队的一个队员，在喜马拉雅山南面的一条小河旁，看到了一个披头散发正在吃青蛙的雪人。

1960年，一支由埃·希拉里率领的探险队，在喜马拉雅山孔江寺庙发现了雪人的一块带发头皮。

波兰人对他们的记者马里安·别利茨基背回的故事并不满足，流淌在他们民族血管里浪漫的血液使他们再度向喜马拉雅山发起冲击。1975年，他们又组织了一个登山队，攀登珠穆朗玛峰。在珠峰南面他们的大营附近，他们发现了雪人的脚印。据说，在此之前，附近村庄的一个舍尔帕姑娘到这儿来放过牛，就是在这儿，姑娘和牦牛遇到了雪人。雪人高约一米六七，满头棕黑头发。它是突然从旁边窜出来的，张牙舞爪地奔向牦牛，咬断了牦牛的喉管。波兰人既听到了故事，又得到了脚印，他们觉得不虚此行。

女孩叙述了当时的经过："那是我16岁那年。一天下午，我到我家南面山上放牦牛，那儿的草好。牦牛吃得很认真，我没什么事儿，就一边哼着小曲，一边看前面那座人形山。突然，我听到身后有脚步声，回头一看，原来是个浑身长毛的怪人，还没等我反应过来呢，那家伙就到我眼前了。听大人说过我们这一带有雪人，我想这家伙就是雪人吧。我想这下子算完了，据说雪人见了女孩子就抢，抢回去给他们当压寨夫人，供它们糟蹋。可是，那家伙并没理我，从我身边过去，直奔牦牛。真是一物降一物，平时凶悍威猛的牦牛在那家伙面前一点神气劲儿都没有了，剩下的只有紧张，我看它都有点哆嗦。雪人并没因为它哆嗦、驯服就放过它，而是扑过去，照着它的脖子下面就是一口。血直往外喷。雪人用嘴堵住了咬开的口子，咕咚咕咚地往肚子里吸着血。看着那家伙这副凶相，我被吓瘫了，萎缩在地上起不来。我想，它喝完了牦牛血，就该来对付我了。我只有等死。它猛吸了一阵后，可能是牦牛血管里的血被它吸得差不多了，就站起身来。也许它还觉得没过瘾，就抡起大手，照着牦牛的脑袋劈去。这家伙也不知道有多大的劲儿，只这一掌，就把牦牛的脑袋劈碎了，脑浆子都被劈了出来。我想我可能一分钟的活头儿都没有。它转过身来，瞅了瞅我，我也瞅着它。它满嘴是血，脸上身上也有血，样子真吓人。出乎我意料的是，它没奔我来，而是转过身去，朝着山上的树林走去。"

在娘娘坝被击毙的女"野人"

离休干部王泽林曾亲眼看见过一个女野人，以下是他的自述：1940年我在黄河水利委员会工作。那是9、10月间，天气暖和，我从宝鸡经江洛镇到天水去。那时陇海路这一段还不通火车，只有绕道坐汽车。汽车到了江洛镇和娘娘坝，忽然听到前面不远的地方打枪，那时当地土匪多，于是车上的人便和司机商量要不要把车停下来等等看。司机说，越是这样越不能停，停下来反倒要疑惑我们，找我们的岔子，大家不妨把贵重东西收拾一下，以防劫车。所以，车子没有停，便一直往前开去。

不久，枪声停了下来，因为我们距打枪的地方没有多远，所以不过十几分钟，便看见前面公路上站着一群人，汽车到了他们眼前，车上同路的人便问他们站在这儿干什么？他们回答说打死了野人。我们问野人在哪，他们说野人就在这里，正准备拉到县衙去处理。

大家听说是野人，都很稀奇，很想看，于是汽车便停了下来，我也跟着下去看它。这个野人当时停放在公路旁边，已经打死了，因为时间很短，身体还很软，我没有用手去摸，我想还不会太凉。它个子很高，约有两米左右，只是因为躺在地上，高度显示不出来。野人全身都是灰褐色的厚毛，很稠密，看起来有3厘米多长。当时它面朝下。车上有好事的人便把野人翻过来看，原来是个母的，两个乳房很大，奶头很红，像是刚生孩子不久，还在哺乳期间。

野人的头比普通人大不了多少。面部却被毛盖着。面部的毛较短，脸很窄，鼻子被毛盖着。只露两只跟睛，眼窝很深，口唇也往前突出。头发较短，只有30多厘米长，披在头上，形象极像猿人的石膏模型，但毛比猿人长得多，厚得多。身体部分两肩很宽约八九十厘米，手和足有

明显区别，手心、足心没有毛，手很大，手指很长，脚有30多厘米长，脚掌有六七寸宽，足趾向前。

据当地人讲，野人一共来了两个，这次发现到此地，已经有一个多月，可能是一公一母，当地人说，野人力气很大，登山如走平地，一般人追不上它。"野人"没有语言，只会嚎叫。我们看了一会儿，就开车赶路了。

求偶遭拒的云南"野人"

拱撒地区也曾多次发生过和"野人"遭遇的事例，卫刀勐的目击和遭遇，就是最典型的一例。卫刀勐，男，佤族，幼失父母，因生活无着，从小投靠乡亲，被他人收养。大约是1954年盛夏的一天上午，他背着一个大麻布袋，到原始森林采集饲料叶。那时刚好太阳出山不久，但山林中依然阴森森的，十六七岁的小伙子卫刀勐于是在一棵饲料树下站住，伸手攀摘叶子。他刚把第一把饲料叶装进布袋里，突然一个家伙从背后把他戴在头上的线帽抢了去。他出于本能的反应，猛地回头一把从那家伙的手中夺了回来，顺手放进麻布口袋中。待他抬头一看，吓呆了，因为站在他面前的不是人，而是平时听别人经常讲起的"野人"。只见"野人"的身材比他略高，全身裸体、长毛，只是背上披着一块破布。毛发棕红色，头发长过肩。系一雌性，乳房较大。脸形酷似人，只是眉骨、颧骨和嘴部稍凸，脸的皮肤呈黑红色，两额较鲜艳，似演员化妆过一样。使他印象最深也是最恐惧的是"野人"的那双眼睛。据卫刀勐说，其眼球发蓝，有光泽，就像猫的眼睛一样。刹那间，他看到这一切后，不由自主地折头就往回跑，一口气跑了六七千米，待他回到家里倒在床上，已吓得不省人事，直至傍晚才苏醒过来，这才把早上遭遇

"野人"的经过，一一讲述给亲友们听。

沧源县勐角小学教师李明智自述多次与"野人"相遇，下面是他的一段回忆：那是1967年9月的一天，我由沧源县城勐董返回翁丁寨。当时不通公路，只有一条穿越原始森林边缘的山间小道。来到翁丁垭口已是下午6点多钟。由于几个小时的长途跋涉，我就在一棵大树下停下来准备休息。我把挎包挂在一棵小树杈上，走到路下边解小手。这时，突然听到左侧地上的落叶里哗哗啦啦地响。我转过头一看，见一个披头散发的女人笑嘻嘻地从树林里走出来，但仔细一看，却不是人。它全身长毛，不穿衣服，袒胸露乳，奶头较大，约有手指头粗，乳房有小碗大，长着银灰色的短毛，不很密。脸有点狭长消瘦，脸色白皙，嘴、眼、鼻跟人一模一样，蓬乱而灰黑色的头发从两颊披齐奶部，站立的姿态也跟人一样。

开始，我认为它是想来拿我挎包里的饼干、芭蕉吃，就拣起一截树枝向它打去，正好打在它的左肩上。树枝断成了两截，可是那"大猴"还是满不在乎地笑嘻嘻地向我走来；它不是去翻挎包，而是张开双手像是要来拥抱我。当它靠近我时，它的头齐我的肩高，身高约1.5米左右。这一下我着急了，一时不知所措，似乎手脚都有一点抖动。眼看它就要抱着我，于是只好赤手空拳地用力弹打它的手。可是，弹打开右手，左手又伸过来；弹打开左手，右手又伸过来。

这样大约过了五六分钟，可能是我的手劲减弱了，感到左手腕像是被树皮箍起了一样，一看才知是被那"大猴"的右手抓住了。我不由得吃了一惊。不得不下狠心和它拼一死活。于是用尽全身力气猛一推去，再往后猛拽，我的手总算挣脱了。由于用力过猛，我倒退了两步，可是那家伙仍然嘻皮笑脸地想来抱我。我急中生智。想起别人讲过的"打熊要击胸"的要领来，便使出浑身解数来向它胸口猛击一拳，只见它后退两步，一屁股坐到了草地上。这时它的笑脸不见了，站起来板着面孔，转过身朝树林走去。然而走去之后还不住地转过头来看。

这时，我才看到它的背是平的，臀部圆而大，没长尾巴；大腿、小腿比较粗壮，长着一寸多长灰黑色的毛。

墨脱野人

1991年，一个生活在西藏多年的人曾26次翻越喜马拉雅山，徒步走高原"孤岛"墨脱，对喜马拉雅山区野人之谜进行了专项考察。他在20世纪五六十年代时得知在墨脱辖区10000余平方千米的土地上，曾在20余处活动着11个野人；1988年考察时，了解到在20年间有两个野人销声匿迹了。27个当地猎人除认定还有9个野人生存外，又发现5处有两个野人活动。新发现的一具野人是在距县委3天路程的巴日山沟，有多人看到过这个野人的尊容，相貌和其他野人没多大区别，棕色，满身长毛，鬃毛也长，腿粗且短，个头比其他野人矮得多，身高约1.2米左右，头特别大，额部突兀，不相称的是一对无神的眼睛和塌鼻梁，嘴大牙白，距人远时发出叫声，近时龇牙咧嘴，会怒会笑，仿佛是头雄性，乳房不大。还有许多猎人在此处同样看到数百野人脚印，双脚直立行走，脚步不大，同人的步伐相等，脚趾是分开的，脚窝很深。拉的粪便中有青冈籽的过江龙果渣，还有许多草根和树皮，它的粪便酸臭，令人作呕。多位猎人估计这个野人很年轻，大概不足15岁，因为面部皱纹并不太多。新发现的另一个野人是在靠近非法的"麦克马洪线"北侧我方控制的边远山沟里。这个野人个头高大，身高在1.7米以上，是个雌性，乳房有近两匝长，垂吊胸前，毛发棕黑色，不爱吼叫，性格孤僻，爱静不爱动，它面部全是皱纹，纹沟很深，眼睛深陷，整日没精打采，猎人观察两天，它仅出洞一次，并且时间不长又折回洞内。崖洞里铺了厚厚一层树枝和软草，还有不少兽骨，洞口外5米处有一大堆粪便，紫黑色，粪便形似马粪，一坨一坨的，比牛拉的粪便多，内有树枝、果皮，还有红、白色树籽。洞内外臭气熏天，距洞口5米远都能闻到腥臭味。

珞巴族著名猎人、现县政协副主席白嘎说："我们家乡有不少野人在活动，而人们还在那里争论有没有野人存在，世界真怪，无奇不有。"他透彻地分析了墨脱的自然概貌，认为喜马拉雅山区野人存在具有客观可能性和科学性。墨脱的原始森林，植被覆盖率占全县总面积的80%以上，6个人抱不住的大树比比皆是，树洞、崖洞遍布每个角落，野人栖身没有困难。其次，喜马拉雅山区属热带和亚热带气候，年平均温度在20℃以上，最低温度在7℃左右，也只不过一个月的时间，适宜的气温利于野人生存。墨脱四季如春，林中常年鲜花怒放，野果、浆

果不下千种，食用菌、竹笋取之不尽、用之不竭，大自然赐予野人美味佳肴。最后，墨脱本身10000平方千米面积，加上和东南北毗邻的结合部，不下50000平方千米的面积。珞渝人均住在沿江沿河的低海拔处，人口不足10000人，猎人也只在有限的地域活动，大部分原始森林中从来没有进去过一个人，那个天然王国里到底是个啥样子、有多少动植物对土生土长的珞渝人也是一个谜，世界之大，无奇不有。可以这样说，珞渝地广人稀，加上珞渝人善良，从来不去干扰野人朋友的宁静祥和的生活，大家互不侵犯，各自生活，世代友好，和平共处。

曾任过西藏自治区人大常委会副主任、科协主席雪康·土登尼玛讲过这样一个故事：他在14岁时，他父亲是则拉岗宗的宗本（相当县长），因病回到拉萨。一个叫土敦的当他父亲的代理人。不久，土敦给他父亲送来一张虎皮。这张皮周身没有一点伤痕或枪眼，非常完整，但也不是自然死去的老虎的皮，因为那样死了的全掉毛。那是怎么得到的呢？原来，有一个康巴人在则拉岗定居下来，与当地一位妇女结了婚。他每年买一些薄氆氇、首饰等经过现在的来林县，翻过大山到卡路去做买卖，把东西卖给珞巴人。那一年，这个康巴人赶了一头犏牛，单身在原始森林走了3天，傍晚支起三石灶熬土巴（藏族的糌粑稀饭）。一会儿，听到一种"嘘、嘘、嘘"的声音。犏牛惊叫起来，同时听见远处有攀断树枝的声音。他害怕了，就不断地加干柴，把火烧旺，抽出长刀放在身边。

在火光的照耀下，他突然看见一个野人在不远处盯着他。他吓得只是猛加干柴。野人越走越近，甚至就在两三米近的地方坐下来看着他。过了快一个钟头，他见野人并无加害之意，就镇定下来，盛起土巴吃。突然，远处出现了虎啸声，叫声越来越逼近。他正在不知所措时，野人突然把他抓来藏在背后，匍匐到地面上，这时已可看见老虎在黑暗中闪烁的眼睛。只见野人从腋下取出一个像鹅蛋大小的东西，一边盯着老虎，一边用舌头不断地舔着。野人的身臭难闻，但他只有掩鼻忍住，动弹不得。当老虎距离他们有20米远近时，野人猛然将手中的东西扔过去，只听见老虎惨叫一声就跑了。野人也随后跑去，再没回来。他想，野人扔过去什么东西，把老虎吓跑了？天亮后就顺着那个方向找一下，只见在50米外，躺着老虎，已经僵死了，两只眼睛都掉了出来。原来是野人扔出的东西正击中老虎两眉的中间！于是，他用刀把虎皮剥了下来，拿回宗里卖给了土敦。这就是那张虎皮的来历。

在西藏的某些传说中，野人富有人情味。它们被描述得喜爱和人亲近，具有某些人的心理。在墨脱靠近非法的"麦克马洪线"的深山密林里，老百姓广为流传着这样一件事：一次，在墨脱德兴区，有个身材不高的女野人走进苞米地的窝棚，含情凝眸地朝人打量。看苞米的一个是区县的干部，一个是小伙子。他们用绳子把她绑在窝棚的木柱上，她竟顺从地任人摆布，颇显温柔。那两个人捆好她，就又睡下了，准备天亮拴回村里。野人等了半宿，还不见有动静，大约是失望或恼怒了，奋力挣断绳索，连木桩都被拉倒了。塌下的窝棚把正在酣睡的两个男人压住，她却径自扬长而去。有的野人，还索性把人俘去，结为夫妇。据说西藏解放前夕，那里的一个雌性野人就抓住了一个男人。她把他珍藏在山冈上的岩洞里，每天为他摘采果实，捕获山禽，只是在出去寻食时把一块大石头堵在洞口。他根本推不动这块沉重的石头，只有等野人回来才能出洞晒晒太阳。在山洞里幽居的日子里，野人还生了一个孩子。她以为那人已回心转意，有时就疏忽了。一天，他乘机丢下孩子，朝有人烟的方向逃跑，野人发觉后抱着孩子紧迫不舍。他飞身滑过江上的溜索，急中生智，把藤子溜索砸断，那野人只能隔着滔滔江水，站在对岸指天画地哇哇大叫。一怒之下，她抓住孩子的两腿一撕两半，一半扔过江来，悻悻而去。

驯猪的神农架"野人"

中国有句俗话，叫做"无豕（猪）不成家"。家庭的"家"是由房屋和驯化的猪构成的，由此可见人与猪的关系。而令人惊异的是，"野人"对猪也有着浓厚的兴趣。

湖北竹山县肖宗润奶奶说，1930年，当时她30多岁，为躲土匪到索罗村山的草坪山，在山下看到一个"野人"骑到一头野猪背上，她不禁笑起来。后来野猪一跳"野人"摔下，野猪就跑了。

从神农架地区的传闻来看，野人与猪的趣闻还不只此例。房县桥上公社东蒿磷矿干部熊世望说，1937年他11岁，家住房县城关，同院住的是县法院50多岁的甘喜。甘喜那天和另一个人到九道去，后来又忽然转回来，对人说了他们的奇遇和震惊："我们到九道，在一个崖子上看到槽里有两个红毛'野人'好像在训斥猪，他们骑到野猪身上，野猪一跳，'野人'就摔下了。"他们吓得跑了回来。甘喜吓得害了3个月的病。

房县蚜上公社溪中二队的任生发说："我养两个猪娃，放在猪圈里两个多月了，1976年2月20日的那天晚上，我听到猪娃子叫声。这天我大意了没关猪圈门，我起来开了一下门，但不敢走出去，怕豹子，又关门睡了。第二天一早起来到猪圈一看，一个猪娃不见了，地上没发现血。

"第二天晚上，这东西又来了，它走到堂屋门口，还到了稻场。因为天亮后，我看到这些地方有它的脚印，前面是掌印，后面有一个圆的脚印，前宽后窄。

"这天晚上，由于我用铁丝把猪圈门捆紧了，猪娃子没丢，当天晚上我又没敢出门去，因为1975年6、7月间的一个晚上，我曾在大队部局面的树林里，听到过野人'呵、呵'的笑声，知道有'野人'。我害怕又遇到这东西所以没敢再出去。"

1985年8月的一个月夜，神农架林区白鱼村农民王民祥在玉米地窝棚前看到一个高大的"野人"朝他走来，他急忙开了一枪，才将"野人"吓跑。过了几天。王民祥在玉米地里守夜，突然听到野兽的嚎叫声。他奔过来一看，在明朗的月光下，一个"野人"正与一头大野猪在玉米地里激烈搏斗，厮打得不可开交。王民祥害怕它们糟踏了庄稼，就点燃了一挂鞭炮扔过去，噼噼啪啪的炸响声才将"野人"和野猪赶跑。

"野人"母子被捉之谜

神农架东南方向的凉盘垭，北面是高耸入云的山路，山腰间云雾缭绕，变幻莫测，西南方却是万丈峡谷，灰色的石岩壁立千仞，伟岸雄奇，峡谷底是一条常年奔流的清澈小河。河岸的东南方是绵延10多千米的缝坡，生长着白杨、桦树、栗树、枫树等，是一片保存较为完好的原始森林。

这里自古以来就少有人烟，解放初期才从外地陆陆续续搬来几户人家。稀稀拉拉地散落在山坡上，靠沿河岸的小块平地，种上一些苞谷、土豆过日子。

渐渐地，也有了10多户人家，孩子大了，他们就聚集起来，请一位初中还没毕业的叫林俊的小伙子当老师，在靠近河岸的一座小山包上办起了山村小学，一共有七八个孩子。学生中有一个孩子名叫春娃，家住

在河对岸的半山腰中。

那年端午节，春娃的爸爸专门请林老师到他家做客，以表对孩子授课的谢意。席间，春娃的爸爸无意间向林老师谈到他家周围几天来发生的一件怪事。他家单门独户，房后是一片竹林，竹林中散落着几个蜂蜜箱子，这两天，他们发现蜂蜜好像越来越少，像是被什么动物偷过一样。昨天晚上，春娃妈掌灯关猪栏时，无意间朝蜂蜜箱那边望了一眼，只见一个高大的黑影一晃而过，竹林里响起了一阵沙沙声，再跟上去看，却又什么没有见到。今早起床看时，蜜糖又变少了，而且还留有爪子抓过的痕迹。

林俊听了后，觉得十分有趣，他脑子里忽然转起一个念头，刚才喝的黄酒，能把人喝得晕晕大醉，如果把它掺在蜜蜂里，那怪物不就可以抓到吗？于是，他和春娃爸爸商议，用这个办法试试看。

当一轮明月高悬天际，用它那清澈的光辉普照在大地时，连绵起伏的群山，茫茫苍苍的林海，都好像凝结在一层透明的薄雾之中，屋外是一片深山里特有的寂静，偶尔一阵微风吹过，从树上掉下几片叶子沙沙作响，其声音也清晰可辨。

林俊和春娃爸爸用黄酒掺和蜜糖，在蜂箱那边放了几大盆，作好了准备，就静静地呆在屋里观察，从门缝里往竹林里看。

到了后半夜，春娃的爸爸认为这家伙今晚可能不来了，直打哈欠，不一会儿，就坐在旁边的凳子上打起盹来。又过了一会儿，林俊也支持不住了，眼皮开始发涩。突然，他听到竹林里传来脚步声，猛一惊醒，二人紧张得连大气也不敢出，生怕微微的一点呼吸，会把那动物吓跑。

不一会儿，一个模糊高大的黑影从竹林里走出来，它全身是毛，面目看得不十分清楚，也被毛盖着。接着，后面又走出来一个小一点的怪物。它们走到蜜蜂箱子旁，开始用手伸进盆里去，然后又放在嘴里吸吮。随后又左右张望了一下，显然，四周是死一般的寂静，一切都在沉睡中。它们放下心来，进而大口大口地喝了起来。

突然，传来"叽"一声，显然是那个小的醉倒了。高个子吃了一惊，躲在屋里的两个人也吓了一大跳，林俊似乎感到春娃的爸爸身子在发抖。

高个子将小家伙提了起来，放在旁边，看了一会儿，也不知发生了什么事，嘴里叽哇叽哇的咕噜着。周围盆里还有没喝完的蜂蜜黄酒，它经不住诱惑，竟扔下那个小的，又继续喝起来。这时，酒力已在它肚里发作，高个子歪歪斜斜向前走了十几步，也重重地摔倒在竹林边。

天空出现鱼肚色，林俊二人立即找来绳索，将它们严严实实地捆了起来。

天亮以后，这两个怪物醒了，它们的形象也就清楚了，高个子是母的，头上披着粗长的头发，除脸部外，全身都是黑红色的毛，前额低平，后向倾斜，眉脊突出，鼻梁低而宽，下颌后缩，脖子短而粗。它的两个奶子突出，身体十分强壮，两臂比腿部短，腿微微弯曲。小的是公的，看来是母子俩。

春娃的爸爸一看这形状，心里十分吃惊，他以前在山里见过不少动物，就是没见过这是啥家伙，他一下子就想到了祖母给自己讲过的"野人"。林俊也由于捉到稀罕物高兴得跳了起来。

吃过中午饭，凉盘垭的群众都知道春娃捉了两个"野人"，全都围着观看。那母"野人"好像很伤心，还在流泪，来看的人有的送来了煮熟的土豆，有的给它丢苞谷面馍，可是当着人的面它们什么也不吃。

到了第三天，小"野人"意外地被猎狗咬死了。又过了几天，母

"野人"不吃东西。女人家心软，春娃妈可怜母"野人"，便瞒着丈夫偷偷将绳子松了一下。到了晚上，母"野人"挣断绳索，逃到山里去了。

林俊觉得十分惋惜。在暑假期间召开的全区老师集训会上，他讲了捉"野人"的事，消息很快就传开了。

高原上的"雪人"尸体

在冰雪封盖的喜马拉雅山区，多年以来一直流传着关于"雪人"的传闻。但由于谁也没有亲眼见过，所以一直没有引起人们的重视。直到1972年，美国动物学家克罗宁，带领一支考察队深入喜马拉雅山区，这才引起世界瞩目。

这一天，考察队宿营在一片山脊上，那里地势险峻，到处白雪皑皑。一个静悄悄的夜晚过去了。第二天清晨，他们发现雪地上有一串奇怪的大脚印。脚印一左一右，脚趾和脚掌都看得很清楚，显然是人走出来的。可是，在冰天雪上的高山上，怎么会有赤脚行走的人呢？克罗宁联想到"雪人"的传说，他猜测，一定是"雪人"在夜晚经过帐篷时留下的脚印。于是，"雪人"的消息一下子传开了。

几乎和考察队发现脚印的同时，驻扎在喜马拉雅山区的中国边防军，竟然与"雪人"直接打上了交道。事情是这样的，边防军接到藏族居民的报告，说是两只脚的怪物正在偷吃牛羊。于是，边防军立即前去侦察。他们在望远镜里看见，约两公里远的地方果然有两个怪物，正在雪上直立行走。战士们悄悄地前进，一直到步枪射程之内，才举枪射击。结果一只被打死，另一只狂奔逃走。

倒在雪地中的怪物的尸体，有许多人类的特征。它的身高大约1.5

米，胸部有两个明显的乳房，应该说是雌的或"女"的。它浑身长满红中带黑的毛，头发很长很长，披散在肩膀上，脸上的毛又稀又短，嘴巴宽，牙齿尖细。它的手臂比普通人长，几乎超过膝盖，手大脚也大，屁股上没有尾巴。

面对着这个怪物，大家谁也说不上它是什么。战士们想向上级报告，可是山区实在太偏僻，而且又遇到了罕见的大雪天，所有的道路都被封锁了，成了与世隔绝的状态。连一切吃用物资都得靠飞机空投，这个怪物的尸体也没有办法运出去。

真是太可惜了。如果怪物就是"雪人"的话，由于没有保存下实物标本，简直为探索"雪人"留下了千古遗恨。

国外野人之谜

GUO WAI YE REN ZHI MI

向矿工们进攻的"野人"

弗雷德·贝克就是1924年在华盛顿州圣·海伦山受长发猿人袭击过的一群矿工中至今健在的人。

1924年，在圣·海伦山的东西峡谷里，弗雷德·贝克和他的朋友在那儿开矿，他们偶尔见到一些巨大的脚印。一天，他们看见一个类似猿的巨大动物从树上向外凝视。有人开枪击中那动物的头部，但它跑了。随后，弗雷德在峡谷边又遇到了这样的一个动物，他3次击中那动物的背部，它虽然掉下悬崖，但他们却没有发现它的尸体。

深夜，那些猿人进行了反击。起初，他们撬掉了矿工们居住的小木屋上两根粗大的木头中的一块大石头，之后，房子四周墙上、门上和屋顶上便响起了连续不断的砰砰声。因木屋的结构足以承受山区的大雪，所以，那些猿最终没能冲进房子。一大群猿人向木屋甩石块，有块石块击中屋顶并翻滚下房，矿工们在屋内加固了那沉重的大门。那些动物连续敲击屋顶的撞击声，还有撕扯四周墙壁的声音都听得清。

矿工们通过墙壁和屋顶向外开枪，还是没能把猿人赶走。这嘈杂的声音从天黑不久一直延续到天明，差不多持续5个小时。木屋没有窗户，自然也没有人去开门，所以屋里的人也没见着是什么东西在屋外闹腾。贝克也说不准外面是否有两个以上这样的动物。屋外如此多的嘈杂声大概出自两个猿人，一个在屋顶敲击，另一个在撕扯墙纸。

无论当时有多少猿人在那儿，这已经够那些矿工难受的了。他们收拾行李，第二天就弃矿而去了。当他们赶到华盛顿州的凯尔索时，向人们讲述了他们的故事。尔后，一群人又回到小木屋，大脚印随地可见，但那些猿人却不见了。以后，这一地区有几次目击猿人并发现其脚印的报道。

西伯利亚雪人之谜

西伯利亚的荒凉和辽阔，是难以想象的，它的整个面积超过805万平方千米。近20年来，尽管苏联政府鼓励向这片大原野移民，但这里的人口密度仍然很低。西伯利亚的土生土长的居民，大都是半游牧的驯鹿人家。关于野人的故事，很大一部分就是这些牧民述说的，其他一部分，则是科学工作者和学者们的报导，这些外来客，出于业余爱好，对考察野人发生浓厚的兴趣，他们借助当地居民的描述，来核对资料。很多戏剧性的见闻，往往就发生在当地人劳动的地方。下面就是一个老人说的故事。

"在离河300米的地方，我和两个成年人，6个男孩，正在堆集干

草。附近有一间草屋，是割草时临时居住的地方。我们突然发现，河对岸有两个从未见过的怪物——一个矮而黑，另一个身高超过两米，身子灰白色。它们看起来像人，但我们立即认出并不是人。大家都停止割草，呆呆地看它们在干什么。只见它们围着一棵大柳树转。大的白怪物在前面跑，小的黑怪物在后面追，像是在玩耍，跑得非常快。它们赤身露体，奔跑了几分钟后，飞快跑远，然后就不见了。我们赶快跑回小屋，待了整整一个小时，不敢出来。然后，我们就抄起手边有的东西当武器，带一条枪，乘一只小船，驶向对岸怪物玩耍过的地方。在那里，我们见到许多大小不一的足印，在柳树的四周围。我已记不起小的脚印上的趾迹，但当时注意观察了大的足印，确实很大，像是穿冬季大皮靴留下的印记，不过脚趾看来是明显分开的。较清楚的大足印共有6个，长度都差不多。脚趾不像人的一样地拼在一起，而是略分开一些。"

这段报导之所以令人感兴趣，有两个原因：第一，看到动物的不是一个人，而是很多人同时看到的（而且还有其他村民）；第二，同时看到一大一小野人在一起。这就必然引起一个疑问——那小的是不是同种族的一个幼儿？事情已过去半个世纪，现在没有必要过分推敲当时的细节；从描述的基本情况以及足印看，很可能是雪人类的动物。

当许多考察者怀着极大兴趣来搜寻有关西伯利亚雪人资料时，他们得知雪人经常偷走猎户们猎杀的动物尸体（如兔、野猪等），由此推断出雪人是食肉类种。学者推测，西伯利亚雪人在进化过程中，因奇怪的退化现象的出现才使雪人成为了西伯利亚一大谜团。

高加索山区的"吉西·吉依克"

"雪人"不仅出没于喜马拉雅山、喀昆仑山、帕米尔高原以及蒙古高原的群山之中、冰天雪地的广阔空间，而且还活动于欧洲东南部的高加索山脉。它们在当地居民的记忆里至少存在有300年以上的历史，至今还被描绘得活灵活现，以致成百上千的科学家、探险家为之耗尽心力，苦苦探寻……在中亚和东亚的雪山间，雪人被称为"耶提"（或"耶泰""朱泰"等），意思为"怪物"。

据看见过耶提的山民讲，它们高1.5～4.6米不等，头颅尖耸，红发披顶，周身长满灰黄色的毛，步履快捷。其硕大的双脚可以在不转身的情况下迅速调转180度，以便爬升和逃跑。耶提生性羞怯，所以，高加索山民揣测：1920年初，一连红军战士的神秘失踪事件，极有可能是雌性耶提群体（它们有时是几十至上百的聚集成群）所为。

1907—1911年间，年轻的俄国动物学家维·卡克卡在高加索山脉搜集到当地称为"吉西·吉依克"的雪人的材料。1914年，他在圣彼得堡皇家科学院公之于众，不过当时并未引起人们注意。直到1958年，前苏联人类学家波尔恰洛夫才重新研读了这些材料。后者发现，当年卡克卡为"吉西·吉依克"勾勒出一个相当完满的复原像：像小骆驼那样高大，全身长满棕褐色或淡灰色的毛，长臂短腿，爬山和奔跑都极敏捷；脸阔，颧骨突出，嘴唇极薄甚至很难看出，但嘴巴宽阔。脸上皮肤色深且无毛，既食鸟蛋、蜥蜴、乌龟和一些小动物，也吃树枝、树叶和浆果。它们像骆驼那样睡觉，用肘和膝支持身体，前额突出，双手放在后脖颈上。

蒙古科学院院士赖斯恩认为，雪人的存在不容怀疑。由于现代人类的活动，以至雪人的生存空间越来越小。因此，应该像保护珍稀动物一样保护雪人——尽管对于它究竟是一般动物还是野人，至今众说纷纭。1941年，前苏联的一名军医在今塔吉克斯坦的帕米尔地区的一个小山村里捕捉到一个浑身披毛的怪物，它不会讲话，只会咆哮。后来边防哨所的卫兵将它当作间谍枪杀了，这令军医很伤心。这位军医的名字叫维·斯·长捷斯蒂夫。他将这件事情写成通讯，发表在一份医学杂志上。继他以后不久，一个叫维·克·莱翁第亚的狩猎检查官报告说，他曾追踪过一个全身毛茸茸、扁脸孔的两脚怪物，并在距它五六十米处进行了观察。

不论从高加索、帕米尔还是从蒙古高原、喜马拉雅山传来的信息，都说存在真实的雪人的活动，而且大多数信息证明雪人属于"人科动物"。那么，雪人真的就是人科类野人吗？

英国女人类学爱玛拉·谢克雷博士认为，雪人是尼安德特人的后代。这就是说，雪人介乎于人、猿之间。谢克雷博士研究了雪人留在雪地里的大脚印，指出它的大足趾很短，略向外翻。前苏联人类学家切尔涅茨基也认为雪人是尼人的后代，说尼人在与智人（现代人的直接祖

先）的搏斗中，节节败退。其中的一支逃入雪峰，发展成雪人。

中国人类学家周国兴先生认为，雪人是巨猿（它不是人类的祖先，但同人类祖先有"亲戚"关系）的后代。在比较了雪人和猿类脚印之后，周国兴认为雪人更像猿。传说中的雪人直立行走，受惊时也匍匐疾跑——就很像古猿类。他推测，古代的巨猿并没有真正灭绝，它的后代潜伏生长在欧洲东南部及亚洲的雪山冰峰之间，成为神秘的雪人。但它们并没有语言的功能，只会发出模糊的叫声。因此，它们似乎没有走进人类的门槛。

也有学者否认雪人存在，他们认为传说中的雪人脚印可能是熊的脚印，也可能是山上的落石在雪融化后造成的。锡金政府曾组织过专门的考察队，考察区域是雪人频繁出没的世界第三高峰干城嘉峰山麓，可是一无所获。1959年，一支美国雪人考察队也在尼泊尔境内考察了一个半月，也没有发现雪人的任何蛛丝马迹。那么，前述各国各地区有关雪人的报告甚至科学家的调查都是在撒谎吗？显然又不像。

总之，雪人之谜和大脚怪之谜一样，令人既难以置信，又感觉不好轻易否定。

"大脚野人"是人还是兽

许多学者认为，世界上真有一种沙斯夸支大脚野人存在。他们多分布在美洲，并且有足够的人证、物证证实了他们的存在。

声称见过野人的人有美洲的印第安人、白人牧人、捕兽人等。他们提供了许多有关野人的报导、照片、足印铸型（其中包括一个跛足的大脚野人的足印），在足印附近发现的粪便、毛发以及大足野人发音的录音带等。还搜集了许多与此有关的当地印第安人的民间传说。最后，值得一提的是罗杰·帕特逊拍摄的那部著名影片，摄下了一个看来是雌性的沙斯夸支。

在英属哥伦比亚佛雷泽河上鲁比·克雷克地方，住有姓查普曼的一户美洲印第安人。1940年某日，一个高2.43米的男性沙斯夸支野人进了村子。这个野人是从树林里出来的，然后走到农庄建筑物附近。查普曼太太起初以为是熊之类的动物，后来她看清楚了是个野人，吓得她拖住孩子们就跑。全家人知道此事后，回房舍查看，才发现在房子附近留下了长40厘米，宽20厘米的大足印，每步的长度达1.2米。屋里的一大桶咸鱼被打翻，撒满地上。他们家见到的这个野人及体格大小，看来属于沙斯夸支男性。这次发现（值得指出的是沙斯夸支喜欢鱼），与前苏联在帕米尔的发现有同等重要价值。

1955年，在英属哥伦比亚米加山区，又有一次更有意义的发现。一位名叫威廉·罗的筑路工人（他还是一个有经验的猎手和看林人），见到一个女性沙斯夸支。这个野人高约1.9米，个头大，全身呈棕黑色，头发银色，乳房很大。有两支长臂和一双大脚。罗还注意到，她行走时像人一样，后脚先着地跨步，头的后部似稍高于前部，鼻子扁平，两个耳朵长得像人耳朵，小眼睛。她的脖子很短，几乎看不出来。还未等他仔细端详完，这个女野人已发现他就在其身旁，便赶快走开了。

一个来自北欧的伐木工奥斯曼说，1924年，他在温哥华岛对面的托马港附近度过狩猎和宿营的假期时，曾经被一个沙斯夸支俘虏过。这段遭遇轰动一时，但他本人没有传播多少年，因为他认为别人不会相信那是真事。他肯定地说，有一个沙斯夸支野人在一天夜里，把他连同他的睡袋一起扛起，在山里走了大约40千米。最后到了四周是峭壁的深谷中的"一户人家"，家中有父亲、母亲、儿子和小女儿。他在"这户人家"中安全地住了6天，后来还是逃离了。他清楚地叙述了这家人的情况，他们既不生火也无工具。但奥斯曼强调他们有与人相同的地方。

1978年6月6日上午8时，又有一次典型的新发现。目睹者是两位年过50岁的高级地质考察工程师肯德尔和哈撒韦。他们二人都是长期从事户外工作的科学家，有丰富的野外工作经验。当天他们下了中途搭乘的卡车后，便登上华盛顿州喀斯喀特山北面的高峰，此山的高度大约是海拔1220米。当时天气晴朗，气温很低。两人根本未想到有关野人的事。突然，对面伐倒的灌木后有一个大黑影很快地闪现过去，引起了两人注意。起初他们以为是个人。后来才想到，此处没有伐木业，他们是在一处私人经营的小小的木材堆放场。再看时，他们发现那个家伙身材很大，像人一样地直立行走，并且故意躲在一块大木料后面。这个家伙皮肤棕黑色，全身长毛。他们看到了它的头、双臂和宽肩膀，但仅一两秒钟它便跑掉了。由于太突然，两人惊得面面相觑，一时说不出话来。等他们明白过来，才快步走到野人消失的地方去找脚印。地面太硬、石头又多，什么也看不出。以前他们曾说过，那一带他们非常熟悉，不可能有野人出没，可是现在他们居然也相信，他们眼见的那个家伙就是沙斯夸支野人。

在大脚野人出没频繁的俄勒冈州的某县，1969年还曾颁布了杀害大脚野人要判处5年监禁及罚款的规定。

更令人吃惊的是，不少学者认为美洲的大脚野人是中国巨猿迁徙进入美洲大陆而演化的。

到了1970年，在对全球有关庞大的直立怪物的描述中又加入了新的成分，那就是，某种未经证实的两足动物可能和不明飞行物（UFO）有关。

1972年8月的一天晚上，在美国印第安纳州的罗克达尔发生了类似不明飞行物的奇怪事件。当时，在那里的一幢活动房屋里住着名叫罗杰斯的一家人。

事情的经过是这样的：刚开始，这一家人看到有一发光物在附近的玉米地上空盘旋。而后他们几次听到在静夜中附近什么地方有声响。他们中一人走出门去察看究竟，他一眼看见一个身材高大的庞然大物正在地里折玉米。罗杰斯夫人从小屋的窗子里望见它站立时像个人，但用四肢走路。

他们看得不很清楚，因为这事发生在夜里，但他们可以看出这家伙身上长着黑毛，并散发出"死动物或垃圾一样的"臭味。这家伙有一独具的特点，就是它好像是虚渺的东西，因为"不可思议的是，我们未发现它留下任何踪迹，哪怕是它从泥地中走过。它走起来连蹦带跳，但却好像什么也不碰到一样。当它穿过草丛，你听不到任何声响，有时你看它时，好像你的目光能穿透它的身体而过。"

不过，这只怪物并不总是不留痕迹的。还有几个农人也看到它。在这家伙来过后，他们发现几十只肢体残缺的死鸡，不过未被吃掉。伯丁一家发现了死鸡，草地被践踏，篱墙被毁坏，猪食桶里的黄瓜和土豆被掏光。有一天晚上，他们看见这家伙站在他们鸡舍的门口，小伯丁说："这家伙把鸡舍里的灯光全挡住了。鸡舍的门有1.8米，宽2.4米高，它的肩膀顶到门的上缘，它的脖颈应比门还高，可是它没有脖颈！在我看来它就像是一只大猩猩。它长着褐色的长发，身上呈铁锈色。我没看到它的眼睛或脸。它发出低沉的噪叫声。"

当这家伙跑走时，伯丁一家向它追去并开了枪，尽管距离很近，他们肯定打中了它，但它似乎并不在乎。

乔恩·埃里克·贝克约德是美国华盛顿州西雅图"大脚汉科研所"的创立者和所长。根据他所说，目击"大脚汉"或"萨斯阔乞"的事件每月都有。1981年7月3日，华盛顿州西北部的伐木人看到120多米远处有一身高2.5米或3米的"萨斯阔乞"。10月18日，一位伐木人在同一地区采摘蘑菇时听到有噪叫声，闻到了这种巨大长毛怪物特有的刺鼻气味。

"大脚汉研究所"不但收集各种目击报告，而且还收集"大脚汉"的毛发和血液样品。下面4次在现场收集的样品已由对"大脚汉"持怀疑态度的学者进行了认真的研究。

一次是在马里兰州的罗克国家公园，靠近贝尔艾尔的地方。1975年一天的夜晚，彼得·罗尼克驾驶一辆运动车与一个他认为是"大脚汉"的动物相撞。那动物恢复了身体平衡后，赫然向小汽车逼来，发出咕咕哝哝的声音，然后又大步跑开了。在车前灯被撞凹处，留有那动物的毛发，这些毛发被拿去做了分析。

1976年1月4日晚，在华盛顿州贝灵汉的印第安人保留地，一个"萨斯阔乞"试图强行闯入杰弗逊家的食品储藏室。杰弗逊一家被打碎玻璃的声音惊醒。杰弗逊先生跳起来抓起一支枪。他发现食品储藏室的离地1.5米高的窗户的玻璃被打碎，碎玻璃散落在地板上，上面沾有血迹。在窗框和地板上的玻璃碎片中发现有顶端为白色的黑色毛发。乔恩·贝克约德亲自收集这些血迹和毛发样品，还收集了许多关于目击"萨斯阔乞"以及它们试图闯入保留地民宅的情况报告。

1976年5月，在加利福尼亚州萨克拉门托附近，一队十几岁的年轻人看到一个"萨斯阔乞"正在掰杏树的枝杈，吃上面的果子。这家伙留下了63.5厘米长的足印，这些年轻人从篱笆上取下它留下的毛发，交给了贝克约德。

1977年，在俄勒冈州的莱巴嫩城，一头巨兽一边尖叫一边拉掉一座谷仓的门，捣毁了围墙，贝克约德取下了它留下的毛发。

自然人类学家和生物化学家文森特·萨里奇对杰弗逊家碎玻璃上的血迹做了化验。他发现这是一种比较高级的灵长类动物的血。同时拿来的毛发样品以及其他几次取得的毛发样品由3位专家做了分析化验。他们的结论是这些毛发不是人、狗、熊或其他相近的哺乳动物的，也不是已知的任何灵长动物的，但与大猩猩的毛发比较相近。

贝克约德说："这些动物体型巨大，不可能是人。这里显然有许多事情还是个谜。它们可能是与人有亲缘的灵长类动物。"

非人非兽的"蒙洛斯"

1967年的春天，美国的动物学家哈特·贝宁博士率领一支考察队，进入亚马孙河上游的原始森林地带。他们的目的是找寻栖息于这个丛林中的珍禽异兽。

从他们一进入丛林之后，不论是行走或休息，距他们不会超过100米的地方总是传来一种他们从没听过的吼声。由于吼声十分凄厉恐怖，许多队员都不敢放心睡觉。贝宁博士从吼声判断，认为应该是一种猿猴类的动物所发出的，而且吼声时强时弱，时近时远，有时是"独唱"，有时是"齐鸣"，有时竟四面八方同时发出惊天动地的吼声，从这个状况来看，他们这支考察队已经受到包围与监视了。

过了几天，考察队中一个名叫比特的队员在河边洗碗的时候，发觉身后有异声，他连忙回头，一只手持木棍的怪兽正发出与困扰他们的相同吼声，朝他袭来。比特根本忘了抵抗，眼看他就要死在怪兽的木棍下了，幸好其他队员听到吼声赶了过来，转移了怪兽的注意力，比特才幸免于难。那只怪兽见他们人多势众，不敢发动攻击，只是连连发出暴怒般的吼声。

怪兽身高约1.5米左右，全身长着浓密的黑毛，手脚修长，像只蜘蛛猴，但相貌狰狞，与蜘蛛猴可爱的模样全然不同。贝宁博士等人都闻到一股由怪兽身上散发的恶臭，他们每个人都认不出怪兽到底是哪一种动物。

不久，他们的周围又发现一群怪兽，每当与他们对峙的那只怪兽发出一声怪叫，周围的怪兽马上同时发出示威性十分浓厚的吼声。然后它们的包围圈越来越小，随时都有可能发动攻击。贝宁博士觉得事态严重，若不及时采取行动，恐怕他们这支考察队的队员都要死于非命了，于是下令队员掏出手枪，而怪兽们则开始以石子、土块及粪便攻击他们。贝宁博士不愿伤害怪兽的生命，因此只朝空中虚发了一枪。也许怪兽们曾经吃过枪弹的苦头，一听到枪声响起，马上吓得抱头鼠窜。好笑的是，当它们逃离射程的范围之后，竟然还回头来对队员们虚张声势地吼叫一番，才慢慢地撤退。

第二天，贝宁博士为了队员的安全，决定中止考察的行程，束装回国。

就在贝宁博士的考察队差点儿遇险之后的第二年，来自西班牙的冒险家沙宾诺·安东尼带着两个儿子来到亚马孙河上游探险，却在佐鲁亚河这条支流的丛林中迷了路。他们焦急地在树枝密密缠绕的丛林中找寻出路，一连找了4天4夜，还是在丛林中打转。他们虽然是一流的冒险家，懂得利用自然的景象来辨别方位，但是身陷密林，根本不见天日，更谈不上想利用天象来找出正确的出路了。

第五天，精疲力竭的安东尼父子三人，突然发现眼前站着3只像人猿又不像人猿的怪兽，它们修长的双手都握着木棍。怪兽根本就没有让安东尼父子喘息的机会，吼声刚起，马上就同时对他们发动攻击。安东尼父子三人身上虽然带着刀械，却也挡不住怪兽猛烈而敏捷的攻击，没多久，安东尼的一个儿子便命丧怪兽的木棍下。至此，3只怪兽并没有再继续攻击，反而好奇地围绕在尸体旁，不住地打量。安东尼和另一个儿子悲痛莫名，想到自己绝非怪兽的对手，便利用怪兽疏于注意的机会逃离现场，他们又走了两天才走出那座恐怖的丛林，回到人类的世界。当地土著人听完安东尼父子的叙述后，肯定地指出那些怪兽就是被称为"蒙洛斯"的兽人，对于他们父子在已经没有抵抗能力的情况下，能逃脱"蒙路斯"的攻击，都觉得很不可思议。一个年老的酋长说："前不久，'蒙洛斯'曾到部落里来掳走一只骡子，我们族人隔天找到那只骡子时，内脏都已被掏空了。"

没有人知道"蒙洛斯"到底是人类，还是猿猴类，或者根本是属于另外一种生物。这个问题大概要等胆量过人者深入密林，抓出一只"蒙洛斯"供动物学家作彻底的研究，才会有令人满意的答案出现。

北美"大脚怪"之谜

曾是美国森林管理局佣员的弗里曼指天发誓，说自己确曾遇见传说中的大脚怪。他全身长满褐红色的长毛，身高几近2.5米。

当消息传出后，弗里曼立刻变成公众人物，也招来人们的讪笑。记者群起跟踪他，而他的督察组上司怀疑他信口雌黄。他更收到匿名电话，指称他精神不健全而要领养他的3名儿女。

弗里曼终于辞职迁居逃避讹言。此后他更数次转职，流离不定。最后，他决定不向世俗屈服，于1984年，带着家人返回初遇大脚怪的地方——沃拉沃拉，决心要致力寻找和研究大脚怪。

他从事切肉工作，兼职驾驶货车，卖掉了两所房子，辛苦筹集了50000多美元来资助研究工作，此外，他每星期总有3天在森林度过，搜索传说中的异兽。

他的努力并没有白费。他搜集了不少大脚怪脚印，并制成石膏模，模子足足装满一个大箱。此外，他更寻获得了很多毛发样本，这些样本连专家也不知是属人或属兽。

他在住所厨房挂了一幅地图，上面标明与儿子共同发现大脚怪的地点。他的冰箱亦存放了怀疑是大脚怪粪便的物质。

他指出，在历次发现中，最大的大脚怪高2.4米，留下46厘米的脚印。他们能连根拔树证明孔武有力，但性格柔顺，胆小害羞，和报章描述的野蛮怪兽大相径庭。

弗里曼说，这种神秘莫测的动物为了逃避人们追踪，往往匿藏峡谷，昼伏夜行来寻找食物，甚至懂得更改脚印，模拟成熊的足印，以混淆猎人耳目。

他说："这点至为明显，如果他们不是这么聪明睿智，早已为人所杀。"

弗里曼的努力获得其他神秘动物研究者的精神支持，华盛顿州大学人类学教授及大脚怪的研究者格罗尔·赫兰茨曾经对弗里曼的石膏模进行研究，发现他们并非子虚无有，而且脚印模更有完整的指纹。但另一名研究员，加拿大作家达林丹却指斥弗里曼是一个沽名钓誉者。是真是伪，就是农林管理处官员也不能明辨。

现存的一些证据仍微不足道。例如有数幅据说是大脚怪的照片，其中包括了弗里曼儿子于上午10月拍的照片，但它们都模糊不清，或者未能对准焦距，或者拍摄时距离太远，光线不足。照片中的大脚怪可能是形状怪异的树枝，或是穿上紧身衣的旅行人士，甚至是哗众取宠的人伪造的。

现在弗里曼急于寻获大脚怪的骸骨，他认为只要寻获骸骨，一切便会水落石出。

在非洲和南美地区也有像无尾猿的毛人的报道。

美国密苏里州圣路易斯市的哈伦·索金对雪人的存在坚信不疑。他是一位雪人研究专家。他认为，这种怪物是一种巨大无尾猿基因变异的结果。他评论道："直到19世纪初，人们才发现大猩猩。试想一下，当人们第一次见到它的时候，会怎么想呢？"

人们推测，巨猿是800万年前~50万年前生存的一种巨形类人猿，它活着的时候身高大约2.5~3米，体重约300千克。有些动物学家认为，巨猿并没有完全灭绝，北美的"大脚怪"可能就是巨猿的某种同类或变种。

但由于人们至今尚未捕获"大脚怪"的实体，因此许多人对"大脚怪"是否存在仍是半信半疑。对此，国际野生动植物保护协会创始人兼美国俄勒冈州大脚怪研究中心主任柏思指出，发现有"大脚怪"出没的地区达数十万平方千米，大多是深山密林，人烟罕至，有些地区更是难以到达。柏恩说，过着石器时代生活的塔沙特人就生活在菲律宾丛林里，直到1971年才被发现，所以至今没能捕获"大脚怪"也不足为奇。

随着人对自然界认识的增加，发现动物新品种的可能性就越来小，但可能仍有许多人们未知的动物。最近百年间，过去许多被人怀疑的动物已陆续得到发现与证实。如大猩猩、大王乌贼、鸭嘴兽以及科摩多龙，过去都曾有人不相信过，但事实证明了这些动物的存在。但是，人们能否证实"大脚怪"的存在呢？这就要看动物学家们的努力和人类的机遇了。

奇怪的"大脚怪"

自从1955年开始，人们就传言在北美的原始丛林中，生活着一种类似于亚洲野人"大脚怪"。报纸曾有捕获、杀死或发现该尸体的报道，但目击者们都否认有这种"怪物"的尸体存在。

"大脚怪"多是夜间出动而又很聪明，极善于逃避敌害。为探索这种捉摸不透的"大脚怪"之谜，伊凡·马克斯凭着毅力和本领，从50年代起，通过访问印第安人和爱斯基摩人的知情者，一直对"大脚怪"进行追踪、考察。

1951年10月，伊凡·马克斯在加里福尼亚北部西克犹郡的死马山顶第一次见到了"大脚怪"的脚印。在这之前伊凡并不相信这种生物的存在。

1958年伊凡·马克斯在内华达州的华尔特山狩猎美洲猴时，发现500米外的地方有一个黑色高大的可怕人类生物。他立即用长焦镜头拍了下来，他说："那东西古怪、陌生，可能很危险，所以我不想再靠近它。"

1970年5月，他和一名瑞士"大脚怪"考察者雷内·达因顿在华盛顿州的科尔维尔追踪"大脚怪"中，再次发现众多的、分布广泛的"大脚怪"，他们还做出了这种脚印的石膏模型。

华盛顿州立大学人类学家格罗弗·克兰茨博士鉴定模型后评论说脚

印异乎寻常地弯曲、隆起和细致，从解剖的精密度来说，是真实可信的。

同年10月份，有一个"大脚怪"在科尔维尔北边的公路上被汽车撞倒。马克斯闻讯马上赶到现场，他看见那个被撞但伤势不重的"大脚怪"浑身长着黑毛，它正在仓皇地逃跑，而且很快消失在丛林中。马克斯仅仅抢拍了一点这个动物蹒跚而行的镜头。不久，马克斯在爱达荷州的普利斯特湖东边加里布弯附近考察时，突然发现一个红褐色的"大脚怪"正朝一片沼泽地跑去，它的身体在树干之间时而显露类似人的四脚与宽阔的背部。

1972年，有一个庞大的白毛"大脚怪"在加里福尼亚北部的暴风雪中四处奔腾、跳跃。据有人考证认为，雄性的黑猩猩也有在风暴中腾跃的行为，而且随着身体发育成熟，在身体某些部位的体毛会变得特别白。这个白毛"大脚怪"是否在习性上与黑猩猩有相同之处呢？

1977年4月，在加里福尼亚州夏斯塔郡的雪山附近，马克斯发现一个雄性"大脚怪"站在沼泽中用手舀水，并用力抖动身体驱赶成群的蚊子。它的皮毛像水獭那样光亮，头上的毛发在缝处分成前后两半，这是一种胚胎发育的特征。同年12月的一天，马克斯与妻子正沿着一个个猜测可能是"大脚怪"的脚印搜索前进时，忽听一种树枝断裂的声音正在向他们接近。马克斯以为遇见了熊，他从肩上将枪取下来，正在这时，突然一个"大脚怪"晃动着脑袋十分迅猛地朝他们扑来，马克斯出于自卫，将它一下击倒。

"大脚怪"很快就一跛一拐地逃走，不久就不再跛行，而是精力充沛地大步离开。马克斯和佩吉谨慎地跟在"大脚怪"后面。

走了一段路后，"大脚怪"登上一个熔岩石脊停了下来，摆动着长臂，回过头来威胁地看着马克斯他们。"大脚怪"额顶部的顶毛直直地竖着，显然很可怕！为免遭它报复性的袭击，马克斯和佩吉急忙离开了。

人类学家认为"大脚怪"很可能是类似于粗壮南猿或包氏南猿的一种素食性的人科。他们喜欢居住在潮湿的森林中，雌体和雄体的两腿姿势骨盆外状和阴部酷似于人类。

俄勒冈州荒原上的"野人家庭"

在约翰·格林的《追踪沙斯夸支》一书中，谈到一个沙斯夸支群体活动的事例，该书记录了一位猎人叙述的经历——一位目击者告诉约翰·格林先生："我在俄勒冈州的荒原地带仅仅花了一天时间，那一天是我最富有成效的一天。可能是1967年深秋最后一个周末，正是猎鹿季节。天气特别冷，我沿着小道向下走了1600米左右。这是一条山间小道。海拔约1500~1800米高。我再向前走了一会儿就隐没在雾中了。我拐个弯，第一眼便注意到有些岩石块被翻了过来。"

这位目击者说："由于雾气，周围其他石块都是湿的，但这些石块却是干的。我抬头一望，在约12~15米的地方看到一块石头，也看见好几个怪物——沙斯夸支在那儿。它们看起来像人或者说与人差不多。那雄的挺大，雌的并不那么大，还有个小幼仔，不是很小，它正跟它的父母同行，它多半是站着的。"

目击者说："那两个年长的拾起石块闻一闻的时候，是蹲着，身子有点弯曲。它们有点很仔细的样子。它们向前移动了几分钟，那雄的可能是发现了它们正在找的东西，很快地在那些石块中挖掘什么，那些石块都是很大的鹅卵石，扁而尖的，间隙很大，下面有几个洞，好像这些石块曾被爆破过。那些动物闻一闻后又把石块垒好，不是放回原处，是成堆地码起来。当那个雄的发现了它所找的东西时，它把石头抛开，大的石块重达二三十千克甚至四五十千克，它只需用手把这些石块迅猛地抛开，它挖出了看上去像个草窝似的东西，可能是些小啮齿动物叼到那儿的一些干草。

它在干草堆中挖出了那些啮齿动物，吃掉了。这些小动物可能正处于冬眠或睡熟着。大约有6~8个小啮齿动物，我注意到那个小的吃了一个，两个大的吃了两个或三个。正是这个时候，它们意识到了我的出现，一个个变得警觉起来，开始静悄悄地移到一棵树枝低悬的大树后面。以后，我再也没见到它们。"

目击者说："它们的脸有点像猫，没见耳朵，鼻子要扁很多，上唇很短，很薄。雄的比雌的黑些，是暗棕色，雌的是淡黄褐色。雄的肩上、头上和脖子上的毛要长些，呈线状下垂，肩部比雌的要肥大得多。它的臀部以上变得宽大，它的腰宽，但是从腰往上更宽，越来越宽大。它们的肩圆润或是下曲，双肩中的头的位置比人的头要低些，似乎没有人那挺立的脖子。

　　"绝大部分时间，它们不是站立而是蹲下或向前倾，以便拾起那些石块。直到它们警觉到我的出现时，我才看到它们完全站立起来。它们行动敏捷，但是弓着背，曲着身穿过那些石块的。它们最后跑动时，身子是直立的。那妈妈将她的孩子抱起放在膝上，跑时把孩子放在前面胸部下方。她的乳房低垂着，比人的更低得多。

　　"它们很粗壮，特别是背的根部和肋骨以上特别肥重而厚。雄的1.8米以上高，雌的只有雄的肩高，它们比人要高大得多，重得多。那小的，不到它母亲的臀部高。

　　"我第一次看见它们站立时，是那雄的拿着草走出它挖的洞，这在它们跳开之前只是一瞬间。"

红宝石溪"野人"之谜

　　"巨熊使印第安人惊恐万分"，这是1941年10月21日《温哥华报》刊登的一条消息的标题。该消息说："一个小孩的尖叫、狗的狂吠和一个受惊妇女急促的一瞥，引出了一个今天在印第安红宝石溪发生的一个巨大的、浑身长毛的魔鬼袭击他们驻地的事件。"

这是本书其他篇章中已经谈到的事件。当年，这家在加拿大颇有影响的报纸介绍了这一事件，报上说印第安人乔治·查德威克夫人的小女儿罗西正在花园玩耍，突然看见一个极大的怪物向她靠近，她吓得大声呼喊救命。她妈妈冲过来，瞥了怪物一眼，一把搂住孩子，冲进矮树丛。

查德威克夫人说怪物有3米高，浑身有毛，有着人一样的面孔。

直到这个怪物再次出现时，人们才相信这件事是真的。这次它留下的脚印显示出它就是曾在附近地区被发现的大熊之一，怪物的脚印20厘米宽，46厘米长，它走路时，一跨步的距离是1.5米。

一位名叫格林的先生说："对此事稍作推敲就会发现这个动物是巨熊的解释是值得怀疑的。'3米高，有着人一样的面孔'是任何熊类都不能与此相比。它后脚20厘米宽，46厘米长，一个跨步的距离是1.5厘米。已统计的记录还没有熊能说明这种现象的。或许是报道这个事件的记者和编辑们都是城市长大的，而不是大自然的观察者。"

4天以后，还是这家报纸，又刊登了题为"沙斯夸支再出，长毛巨怪独行"的消息：哈里森湖区出现了沙斯夸支，在齐尔瓦克村引起了巨大的震动。3条独木舟上的印第安人都吓呆了。根据此地印第安官员的报道，在这个历史悠久的小山村出现的沙斯夸支曾是人们见到过的最大的，使得当地的印第安人纷纷而逃，以防不测。"

这家报纸又说："道格拉斯和他的一家人都是亲眼目睹这具有传奇色彩的类人动物中的成员。他们说该动物约4.3米高，其体重差不多是一般沙斯夸支的一样。当地的印第安人都飞跑到他们的独木舟前，疯狂地向湖的下游划去。"

伯恩斯是世界上有关沙斯夸支研究的最有名的权威人士之一，他说该沙斯夸支完全有可能就是一周以前在离此地64千米的红宝石溪出现的那个。随后对红宝石溪事件的有关调查，也完全证实正是沙斯夸支而不是一个巨大的熊使得当地的印第安人惊恐万分。

事后，格林和他的妻子拜访了狩猎向导杰克·柯克曼和他的妻子、印第安人玛莎。玛莎·柯克曼讲述了她的表妹珍妮·查普曼在红宝石溪亲眼看见沙斯夸支的情况。

格林走访了查普曼夫人。她说，当她的孩子向屋里跑来大声喊道"从森林里跑来了一头大牛"时，她从窗口望去，只见约有2.5米高，全身上下长着浓黑毛发的一个类似人的怪物，横过一块田地朝房子走来。怪物脸上有一个扁鼻子，而不像人的鼻子。格林先生相信，熊在红宝石溪附近是时常出没的动物，查普曼夫人抓住孩子们，带他们出了前门，

使得房子隔在他们和怪物之间。他们穿过一片田野，向河边跑去，河边的大堤使他们免于暴露在该怪物的视野之内。留下的脚印表明该怪物围着房子转了一圈，并进入了一个棚子里面，那里有一桶咸鲑鱼，它可能尝了一下，不对味儿，就把鱼倒在地上。它向江边走，又转身朝它来的那个大山走去。

格林还访问了见证人泰夫亭先生。地方法官A.M.内史密斯后来介绍说："对于泰夫亭的陈述，我毫无半点怀疑。他们都是值得信赖，有责任感的人，决不至于要诡计以欺公众耳目。"

澳大利亚"野人"之谜

1612年的一天夜里，悉尼的测地员查尔斯·哈卜与其他几个同伴在澳大利亚新南威尔士的卡罗克比利山中经历了一件可怕的事情。

晚上，几个人被附近树林里发出的声音惊动，他们往火里又添加了一些树枝，跳动的火光照见了一个可怕的新来客。哈卜后来对报界谈道："一个长得像人一样的巨兽直立站在离火堆不到6米远的地方，咆哮着……用像人手一样的巨掌捶打着自己的胸膛。我向四周一看，发现我的一个同伴已经吓昏过去了，他后来过了好几个小时才苏醒过来。那头野兽站在那里有好一会儿……

"照我看，那家伙直立时有1.7～1.8米高。它的躯干、腿和手臂都长满了棕红色的长毛，随着它身体的摇摆而抖动着。它肩部和背上的长毛在柔和的火光下显得乌黑发亮，但使我吃惊的是……它长得像人的体形，但又与人有很大不同。

"这野兽身材魁伟，显得强壮有力。它的上肢和前掌又长又大，肌肉发达，上面长满了毛，但比身上的毛要短一些。它的头和脸很小，十

分像人。它的眼睛大而黑，目光锐利，眼窝深陷。最可怕的是它的嘴，口中长着两颗又长又尖的獠牙。当它把嘴合上，两颗牙伸出在下唇之外……所有这些是在几分钟之内观察到的。那家伙站在那里，像是火光使它麻痹了一样。

"它又吼叫了一阵后，拍打着胸脯，离去了。开始的几码路它是直立行走的，然后就四肢着地飞快地穿过灌木丛跑了。我的同伴们再无兴致继续前进了，而我是他们中唯一对此次旅行感到高兴的一个。"

俄罗斯科学家邂逅"阿尔玛雪人"

如果法国和俄罗斯联合探险队在哈萨克偏僻的高加索山脉成功捕获了一个传说中的喜马拉雅山雪人的兄弟——俄罗斯阿尔玛雪人的话，雪人声音将传遍全球。

这个探险队的领队是玛丽珍妮·科夫曼博士，她过去曾骑车或乘吉普车到荒无人烟的卡巴尔达——巴尔卡荒原，收集了500个神话般目睹阿尔玛雪人的叙述。她得到的印象是阿尔玛雪人的脚印巨大。此外，她还研究了阿尔玛雪人的大量粪便。

由法国资助组成联合探险队，寻找阿尔玛雪人。这支探险队的名称叫"阿尔玛92探险队"。

阿尔玛92探险队的组织者潘琴科夫说，这种雪人外表上和其他人看到的非常相似。它是一个两足动物，行走完全靠两只脚，身高在1.7米～1.98米之间，头顶上长着一块约15厘米长的微红色毛发。面部既像类人猿，又像尼安德特人。它必须转动整个身体，才能转动脑袋。

潘琴科夫在拴马的圈里发现过阿尔玛雪人，好像马对阿尔玛雪人很有吸引力。遗憾的是，潘琴科夫当时没有带相机。

据科夫曼博士说，阿尔玛雪人习惯于突袭牧人的小屋，寻找食物和衣服。它们有时还穿着偷抢来的衣服。这种明显的学习人类的行为，解

释了1988年到西藏寻找雪人的探险队员克里斯博·宁顿的两根滑雪杖神秘失踪的原因。

据当地农民目击者称，阿尔玛雪人体重超过200千克，但行走如飞，每小时能奔跑64千米。据一个目击者1991年说，新生的小雪人很像人类的婴孩，除了个头较小之外，小雪人像小孩一样长着一身桃红色皮肤，有同样的脑袋、胳膊和腿，但没有头发。阿尔玛雪人生活在海拔2400米以上的高原，它有时下山来掠夺农作物，有时到海拔更高的地方去避难。

联系到中国湖北境内神农架山区出现的野人，同样可以看到野人并不怕冷这样一种生存特征。海拔高度的突出变化，会在陡坡上产生一种包括热带到寒冷的连续的植物群，猛烈的季候风使山腰终年云遮雾绕，橡树、木兰、山杜鹃、枞、赤杨、山毛榉等繁茂的密林，使无数大型哺乳动物都享受这优厚的条件而保持一个相当大的群体。

野人现在就是在这样的神秘的环境中，利用大高山从上到下各部分

的气温不同，和老天爷打游击战。在中国境内，1980年初的一天，神农架野考队员黎国华就是在高山雪地发现野人脚印。他在跟踪中亲眼见到了一个约2.3米高的棕红色毛野人。类似在高山地带寻找到野人脚印的例子很多，表明野人能耐高寒。

中国湖北省一位对野人生活习性颇有研究的文化干部为此指出，依照生物学排外竞争的原则，当两种生态相似的动物在同一地区并存时，其中具有选择性优点的一方必然取代另一方。居于劣势的一方必然被迫迁徙，或者自我灭绝。在冰河时代的中期，人类已掌握了火，并广泛使用石、骨、木制的工具，就具有了强有力的生存竞争能力。由此想到巨猿，在日趋恶劣的生存环境中，为了减少人类社会的威胁，巨猿不得不改变生活方式去寻找新的居所，如喜马拉雅山较高的地区。我们可以据此推断神农架野人也迁徙到了高山丛林。

这位文化干部指出，神农架野人并不惧怕寒冷。野人是被逼向高山后，从心理到生理上对高寒产生适应。野考队员在从野人擦痒的栗树皮上得到的毛发中发现，除硬的长毛外，野人也贴肉覆盖着一层密细软厚的绒毛。这便是一件最轻便最暖和的皮袄了。

为了考察阿尔玛雪人，探险队配备了必要的装备，其中包括红外照相机、小型直升机、悬挂式滑翔机、四轮汽车、机动脚踏车等，探险队最主要的装备是一支能发射皮下镖的枪。

科夫曼博士说："我们的目标是在当地人的帮助下，捕捉阿尔玛雪人。我们希望取得阿尔玛雪人脸部模型、头发、皮肤和血液标本，所有这些都具有很高的科学价值。取得标本后，给它戴一个无线电示踪频带装置，然后予以释放。"

没有消息表明，阿尔玛92探险队取得了突破性的成果，尽管它拥有的野考设备是一流的，但在邂逅"雪人"的几率上，其效果绝对比不上中国神农架"野考"。邂逅"雪人"从某种意义上说是可遇而不可求的"运气"，除了当地人中无法确定的某一个或某些个，见到它们并不容易，"无功而返"也就不足为怪了。

陆地怪兽之谜

LU DI GUAI SHOU ZHI MI

长毛象之谜

1900年夏，在西伯利亚东部的布列佐夫卡河岸上，两个猎人为了追踪一只麋鹿的足迹，却意外发现了一具巨大的动物尸体。

这个庞然大物形状十分怪异，身上长着长毛，一对长长的牙齿肆无忌惮地伸出嘴外。这显然是一只形状怪异的大象。此时他们完全没有了追赶麋鹿的兴致，便拿起斧头砍下象牙，并把它割成几段。直到几天后，一个叫雅夫洛夫斯基的哥萨克人才把他们的发现通知给地方当局。当局随即给圣彼得堡科学院汇报了这一重大发现。

又过了一年，3位俄国科学家受科学院之托从圣彼得堡起程到西伯利亚，设法把那只称为"长毛象"的庞然大物运回科学院。

科学家来到目的地，看到长毛象的四肢完全埋在冰雪之中，只有一个巨大的脑袋昂然挺立于空中。为了把这只冻结在地底的庞然大物挖出来，他们在它的周围搭起了一间木屋，用两具炉子给房子加温。

随着温度的渐渐升高，长毛象的身体慢慢变软，皮毛开始分离，内脏也显露出来，溢出阵阵恶臭。

3位来自圣彼得堡的科学家用了一个半月的时间切割了庞大的骨架。他们把它分成若干块装进袋子里，在冰雪中进行速冻处理，然后声势浩大地用10辆雪撬装运回圣彼得堡。这头巨象的肉、骨头、内脏共有一吨重。

这是现代人亲眼目睹的第一只长毛象。

长毛象是生活在30万年前～10000年前的一种大型动物，大约在3700年前才灭绝。一般身高约2.5米～3.5米，重约6吨，适合极度寒冷的

气候。它背部的毛最长可达50厘米。长毛象的头顶部分还有高耸的大驼峰，可以储存大量的脂肪，这些都是对生活在寒冷、食物较少的地区的适应。

长毛象也有人称为猛犸，在北半球的分布极为广阔。据说最初出现在非洲，后来广布欧亚大陆和美洲大陆，大约在20万年前，长毛象来到西伯利亚定居。在远古年代，从欧洲西邻大西洋起向东，横跨整个欧亚大陆北部，越过白令海峡，延伸到北美洲，都能看到长毛象的影子。

长毛象一般由有血缘关系的成熟雌象与所生的小象组成象群，构成母系社会，象群由数头至数十头组成，最年长的雌象任象群领袖。雌象通常一胎产一仔。

以下是在欧洲和亚洲发现的长毛象种类：

南方长毛象，生活在230万年前～80万年前，适应热带稀种草原环境，脚到肩膀处的身高为4.5米。

干草原长毛象，生活在80万年前～30万年前，适应干草原环境，脚到肩膀处的身高为4米。

长毛猛犸象，生活在30万年前～3700年前，适应干冷的草原环境。它是最小的一种长毛象，脚到肩膀处的身高仅为3米。

北美洲也发现了至少3种大型长毛象和一种小型长毛象：

南方长毛象，生活在170万年前～40万年前，适应温带气候，脚到肩膀处的身高为4.5米。

哥伦比亚长毛象，生活在40万年前～10000年前，适应干草原环境，脚到肩膀处的身高为4米。

矮脚长毛象，仅存于加里福尼亚海岸的海峡群岛，生活于15000～10000年前，脚到肩膀处的身高仅为1.6米。

这只发现于西伯利亚冻土中的长毛象，尽管死去有两万年之久，但其中有许多的皮毛甚至是血肉都是新鲜的！

古生物学家称，这类超级大象灭绝于3700万年前，估计与冰期的加剧有密切的关系。

在西伯利亚冻土带发现的早已被冻土冻僵的长毛象，这让来自美国亚利桑那州的古生物学家拉里·阿金布罗德无比感慨："第一次接触到这家伙的感觉就如同父亲抱着初生的大儿子一样。"

这位66岁的老学者早在30年前，就对这种动物着了谜。在一次考古工作中，他们本来的目的是要发现史前人类捕猎巨兽的证据，但他忽然意识到，使他更感兴趣的是"猎物"而不是"猎人"。一次偶然的机会，他被邀请参加一个刚刚组建起来的国际考古队，它的宗旨就是在西伯利亚冻土带挖掘远古时期的长毛象。从那以后，他的考古方向改变了，他要揭示长毛象这一远古动物之谜。对于地球上这种生活在上万年前的庞然大物，人类迄今几乎一无所知。

这个尸体在这种极其特殊的条件下被完全地保存了下来。科学家们还要利用它进行一系列尖端科学实验。

关于古长毛象的鲜肉是怎样保存下来，一直是个谜。有关它的死因更是见仁见智。有人说，这是古长毛象在觅食时失足坠下冰川而死，最后被天然冰箱冻藏起来，所以能历经万年而保持新鲜。

但是人们发现古长毛象生活的地区并没有冰层或冰川，只有冻土苔原地带，而冻土是由土壤、沙或者淤泥构成的，也就是说长毛象是在冰土里保持新鲜的。而且，西伯利亚在10000年或者更久以前并没有冰川。

据此，又有人说，这些长毛象生活在上游河边并被埋在淤泥里。这也是说不通的，因为古长毛象并不是在河边找到的，而是在离河很远的苔原上找到的，最重要的是，它们都保持站立或半跪的姿态，应该是瞬间死亡。

食物冷冻专家则说，像西伯利亚这样的气候，决不可能速冻古象。在一般情况下，要速冷400千克左右的肉，需要零下45℃以下的温度，而要速冻体积达23吨并有厚毛皮保暖的活生生的长毛象，估计需要摄氏零下100℃以下的低温，而我们居住的地球，从未有过这样的低温！更何况，这头被发现于毕莱苏伏加河畔的长毛象，毛发里还藏有在温暖湿润的环境下生长的金凤花，在阳光下悠闲地啃着金凤花的长毛象，突然被当场冻死，这是现代科学无法解释的。

有人推测，这头古代长毛象在西伯利亚的冻土带上吃草时，寒冷的狂风突袭了它，这种温度极低的狂风，像电冰箱里循环的冷气，瞬间包围住长毛象的全身，使它的内脏立刻冻结，血液也全部冻成冰。几秒钟之内，它就死亡了，几小时之内，它变成了坚硬的塑像，年复一年地沉入地下。

然而，很多人并不同意上述推断，因为如果真有那样的狂风，所有的动物甚至整个地球都被毁灭了。

这头古长毛象的肉为何万年新鲜不变，是不是将要成为一个永远的谜了呢?

独角兽之谜

独角兽不仅出现在权威的圣经里和亚里士多德的作品中，还出现在了朱利叶斯·凯撒给高卢人的书信中，他描述说独角兽的角是分叉的，像手一样。独角兽在《圣经》中的出现带来了许多古老的传说，有的传说认为独角兽曾经住在伊甸园中，因为是亚当为它命名的。有的故事说，一对独角兽被装上了拥挤的诺亚方舟，但是在洪水来临之时它们被落下了，幸运的是它们游到了安全的地方，自己救了自己。它在《圣经》中的形象使它成为中世纪的象征之一，这或许有些荒谬，但是希腊哲学家和科学家亚里士多德的作品毫无疑问地被作为中世纪的象征，而其中一直记载着独角兽。在16世纪晚期，自然主义者尤里斯·阿尔杜万迪详细地阐述了两种独角兽：一种有分叉的蹄，另一种有实心的蹄。还有另外一种独角的动物与独角兽类似，但带有可怕的嚎叫声。根据中世纪《动物寓言集》的记载，这种动物有马的身体，大象的脚，牡鹿的尾巴。它尖尖的角足有1.2米长，与独角兽不同的是它们不能被捕获，而只能被屠杀。莎士比亚的《暴风雨》中，有教养的塞巴斯蒂安对此表示了怀疑。当塞巴斯蒂安和他的同伴在普洛斯彼罗的岛上的时候，他们看到了普洛斯彼罗施魔法后的奇形怪状，塞巴斯蒂安用非常惊讶的口吻说:

"现在我相信了，真的有独角兽存在……"

白色、马身、螺旋角是独角兽在欧洲的标准形象，或许还有一点小山羊胡须和分叉的蹄子。它还有许多变种，包括海洋独角兽——根据推断，早期的动物似乎都要有个住在海里的亲戚。欧洲最早的有关独角兽的描述创作于公元前400年，作者是波斯皇家法庭的希腊医生塞特斯亚斯。塞特斯亚斯写了一本关于印度的书（但他从没去过印度），在书中，他描述了一种长有实心蹄子的、野生的、像马一样大的驴。它们的身体是白色的，脑袋是暗红色的，而眼睛却是蓝色的。它们的独角有一腕尺（也就是前臂的肘到中指指尖的长度）长，它基本上是白色的，中间是黑色，末端火红色。它们的角可以做解毒剂，如果用来做杯子，可以用来治疗惊厥，也可以治"神圣的疾病"，或癫痫症。根据塞特斯亚斯所说，独角兽跑得比任何动物都要快，也比任何动物都要强大。但是它们和自己的孩子在一起时却从来不跑，所以它们能够被屠杀，但是却不能被俘，因为它们的自我保护相当凶猛，它们会踢、咬并用头撞人。

现实世界中，我们所能发现的独角鲸，也许是这个神话动物的最近的亲缘，不过独角鲸生活在遥远的深海而不是山川草原。生活在陆地上的犀牛，前额也有一只尖利的角，可惜相貌差距甚远。传说中的独角兽是个优美的生物，是一匹周身雪白的小马，灵活敏捷，前额有一只充满魔力的角。它有时被描绘成雌性的，温顺谦和。公元前398年，古希腊的历史学家在书中描写道："独角兽生活在印度、南亚次大陆，是一种野驴，身材与马差不多大小，甚至更大。他们的身体雪白，头部呈深红色，有一双深蓝的眼睛，前额正中长出一只角，约有半米长。"这样独角兽便被说成是印度犀牛、喜马拉雅的羚羊和野生驴的混合体。这只神秘的角从此流传了几个世纪。底部雪白，中间乌黑，顶端鲜红，独角兽锐利的角有着奇异的魔力。从角上锉下来的粉末可以解百毒，服下粉末即可抵御疾病、百毒不侵，更能够起死回生。魔力令人们对这只离奇的角发狂，每个贵族都想拥有独角兽角做的酒杯，每个猎人都妄想有朝一日独角兽落入他的陷阱。

由于独角兽所处的地理位置不同，人们对它的外貌和行为的描绘也有些异常。在西方它常被认为是野生的不可驯服的，而在东方的故事中，独角兽则驯良而温顺，被认为是和平、温顺并且能带来好运的象征。它们是幸运的使者，哪里有独角兽的身影，哪里就是好运的开端。另外，它又常被描述成是像山羊那样的从家族膨胀症中分裂出来的具有胡子的动物。独角兽存在的一个理由或许是它看上去太似是而非了。在很多种说法中，独角兽和狮头羊身蛇尾怪以及狮鹫相似，都是某种象征，都是由其他动物演变而来；在欧洲传统中，它类似于独角的羚羊或马。动物寓言集把独角兽看作和犀牛一样，而这种笨拙的动物通常会让人们认为独角兽真的存在过。无论是真实的还是想象的，孤独、高贵、强大而温和的独角兽都是非常吸引人的，它因为太凶猛而无法被其他人捕获，却可以被少女所驯服。

在穆斯林文化中，有一只独角兽叫做卡喀旦。卡喀旦是柔软的动物，有时它也会呈现出魁伟如牛的形象。类似的，《动物寓言集》中指出，印度有一种独角公牛。中国的独角兽较为复杂，至少有6种形态，而其中最重要的是半雌半雄的麒麟；还有两种是雄性的麒和雌性的麟。麒麟，也是一种人们很早就用想象力创造出来的神奇动物，其状如鹿，独角，全身生鳞甲，尾像牛。麒麟在中国古代被当作仁义品德的象征，神话传说它还具有"麒麟送子"的功能。和大多数独角兽一样，麒麟非常温和，喜欢独处，甚至不与自己的同类为伴。它和龙、凤凰、龟一起都是中国神圣而有才智的精神动物。但是它的角却没有什么神奇的力量，这是它与欧洲的同类相区别的地方。

麒麟是中国上古传说中的一种神兽，它似羊非羊，似鹿非鹿，头上长着一只角，故又俗称独角兽。在中国古代的法律文化中，獬豸一向被视为公平正义的象征，它怒目圆睁，能够辨善恶忠奸，发现奸邪的官员，就用角把他触倒，然后吃下肚子。当人们发生冲突或纠纷的时候，独角兽能用角指向无理的一方，甚至会将罪该处死的人用角抵死，令犯法者不寒而栗。自古以来被认为是驱害辟邪的吉祥瑞物。人们经常引用獬豸的形象，取意于对中国传统司法精神的继承。与此相类似，在西方，独角兽也被认为是纯洁的象征。人们认为它的角的力量能够压制任何道德败坏的事情。同时有贞洁的含义，是完美骑士的代表。

麒麟和它的同类迁徙到日本，成为了麒麒，与智慧和公正相联系。它很稀少，是一种征兆，只出现在占星家的占卜中，出现在有非凡见识的人出生的那一刻。和麒麟一样，麒麒很温和，从不踩踏一小片草地，也不碾碎一只小虫子。另一种日本的独角兽辛鰡，可以用来辨别犯罪分子。一旦发现恶者，辛鰡便死死地盯着他或她，然后会用它的角刺向恶者。还有一种长有3条腿和驴眼的独角兽，它的角与纯洁相联系，只出现在古代波斯神圣的文章中。和欧洲的独角兽一样，它有白色的身体和金色的角；与别的独角兽不同的是，它有6只眼睛和9张嘴，而且它的角可以净化水。

从独角兽的第一个传说到达欧洲开始，在许多方面都刻画了它纯洁的特征。由于独角兽的角只要稍稍沾一下有毒的水便可以压制毒药，于是由独角兽的角所做的杯子即使盛了毒酒，也无法对人造成伤害。这一特点使独角兽的角在君主那里颇受欢迎。独角兽角的解毒效力是对世界堕落非常敏感的一个隐喻。而且，独角兽是高贵的动物，它们的稀有和高贵的特性，使它们必然与王权相连——英国武器上的独角兽就是最庄严的例子。

独角兽有时会被用来象征耶稣基督或帕多瓦的圣·贾丝廷娜、安提俄克的贾丝廷娜两位圣处女殉教者之一。独角兽除了有纯洁的内涵外，还与欲望稍有联系。独角兽的好色倾向或许可以起源于生于公元前170年的罗马作家克劳迪亚斯·阿利娜斯的著作，她认为"在交配时节，雄性的独角兽会忍住不互相斗争，而与雌性独角兽一起吃草"。克劳迪亚斯·阿利娜斯坚持说，成年的独角兽不可能被捕捉到，但是幼年的可以被捕捉，然后被带到国君那里。

在英国武器上的另一种高贵的动物是狮子。狮子、熊和大象都是独角兽的天敌，强大而笨重的大象与熊一样，根本没有机会与独角兽的速度和力量相比，独角兽要刺死这些庞大的动物也根本不在话下。但是，狮子却是独角兽诡诈的对手——它站在树前，嘲弄高贵的独角兽，独角兽当然要教训狮子，而一旦它的角深深插到树里拔不出来的时候，它就只有等待狮子同情的份了。

有名的"独角兽织锦"用图画的形式描述了著名而悲惨的屠杀独角兽的过程，这个故事表现了中世纪的人们对女人的矛盾的情感，正如人们对被围困的独角兽的情感一样。

画面一开始，一个少女被带到森林中树木繁茂的地方，等待她美丽的怪兽。果然，独角兽被她的纯洁所吸引（达·芬奇说这个动物是被它的放纵所驱使），禁不住来找这个少女。有人说她会紧盯着独角兽的眼睛使它停下来，也有人说她会用手抚摩它光滑的身体——但是，所有人都知道它肯定是无法逃脱了——猎人到来并杀死了这神奇的动物，而那个用来引诱独角兽的少女却还活着，成为一位看似无辜的导致独角兽死亡的共谋者。神秘的独角兽织锦的最后一面讲述了独角兽的生存地的美丽，在那里，它在一片绿色的花园里快乐地听着鸟叫，享受着芬芳持久的花香。

魔鬼的脚印

1855年2月9日晚，英国的迪文郡下了一场大雪，伊斯河上也结了厚厚的冰。第二天早晨，人们发现在茫茫雪原上，留下了一道神秘的蹄印。这蹄印长10厘米，宽7厘米，每个蹄印之间相距20厘米。蹄印的形状完全一致，整整齐齐。看过的人都说，绝不会是鹿、牛等四足动物的蹄印，而似乎是一只用两腿直立行走的分趾有蹄动物所留下来的。

更奇怪的是，这些蹄印从托尼斯教区花园开始出现，走过平原，走过田野，翻过屋顶，越过草堆，跨过围墙，一直往前。似乎什么高墙深沟都阻止不了它。在一个村子里，有条15厘米粗的水渠管，蹄印好像是从管子一头进去，从另一头出来。整整走了160多千米，横贯全郡，最后消失在利都汉的田间。

当时数百人看到过这些蹄印。当地报社收到许多读者的来信，报纸报道了这一消息并刊出了蹄印的图画，还有人带着猎狗去追踪这些蹄印。但当蹄印走进一片树丛时，猎狗不管主人如何驱使也却步不前，只是对着树丛不停地嚎叫。村民们担心是猛兽出没，大家拿着武器四处寻找，结果什么也没有找到。好像那只动物又神奇地消失了，从此无影无踪。

当地教堂的神父认为，这是魔鬼留下的分趾蹄印。只有魔鬼才是有蹄子而又用两腿直立行走的。科学家当然不相信什么魔鬼，但到底是什么蹄印呢？这至今还是一个不解之谜。

"雷兽"之谜

在云南的高黎贡山，沿中缅边境由北向南延伸，有个叫青河村的小村子，平均海拔在4000米以上。全村大约有400多人。

村里住着一名姓伍的村民。1965年3月的一天，他辛辛苦苦养大的3头肥猪一夜之间全不见了。他逢人便说，他那3头肥猪一定是被"雷兽"给叼走了。

"雷兽"到底是一种什么动物呢？据村民们描述，它全身发着金光，好像是把金片贴上去似的；样子像马，不过四肢要比马短了很多；额头上有一只独角，叫起来就跟猫头鹰一样；嘴角上还长了两颗獠牙。

姓伍的村民有个儿子，名叫伍宗诚，在村里负责保安工作。他安慰父亲说："爹，您别着急，我已经派人进行调查，同时关闭了村里对外的联络道路，猪一定会找回来的。"

到了晚上，为了保证村里的安全，伍宗诚带着几个人在村里巡逻。青河村虽然只有400多人，但住的很分散，巡逻一圈，也得大半夜。这天晚上乌云密布，连一颗星星也见不到，他们走在伸手不见五指的小道上，心里直发毛。

他们巡逻了大半个村子，已经是后半夜了，大家都有些精疲力竭。这时，突然黑暗里金光一闪，把他们吓了一大跳，那个金光闪闪的东西径直朝他们冲了过来。人们不知道那是个什么东西，但从奔跑的声音来判断，是类似于牛或马之类的猛兽。伍宗诚大喊一声"快躲开"，话音刚落，那个怪物已冲到眼前，有个来不及躲开的小伙子，一下子被撞倒了。肚子被怪物的獠牙给豁开了，肠子流了一地。

那个"雷兽"一看到捕到了猎物，低下头来准备美餐一顿时，伍宗诚和他另外3个伙伴不约而同地开了枪，怪物身中数弹，嚎叫一声，倒在了地上。人们赶紧把受伤的伙伴送到医院，但已经晚了。

天亮以后，人们都来看这个怪物，大家不约而同地说："这就是'雷兽'。"事后，伍宗诚把"雷兽"的皮剥了下来，卖给了皮货商，把所得的钱送给了死去的那位伙伴的妻子。

这个故事在当地引起轰动，有人猜测，所谓"雷兽"，可能是一种毛色变异的野猪或者犀牛。可"雷兽"究竟是什么，仍然需要等待研究证实。

湖泊怪兽之谜
HU PO GUAI SHOU ZHI MI

泰莱湖怪兽之谜

恐龙是地球上生活过的最庞大的陆上动物。凡是见过恐龙骨架化石或复原标本的人，对它那巨大的身体，奇异的形状和凶猛的形象都会留下极其深刻的印象。而恐龙的突然灭亡，也使人感到不可理解。因此，人们自然而然地会想：在这个地球上，恐龙有没有留下后代。而每当世界各地发现神秘的未知动物时，也就有人认为，他们看到的怪兽就是活着的恐龙。在非洲中部的刚果，乌班吉河和桑加河流域之间，有一个湖，名叫泰莱湖。泰莱湖周围是大片的热带雨林和沼泽，人迹罕至，许多地方根本无法通行。这里生活土著居民——俾格米人，据他们说，在泰莱湖中，有一种名叫"莫凯莱·姆奔贝"（意为"虹"）的怪兽。这种怪兽半像蟒蛇半像大象，身长12～13米，有10多吨重，长着长长的脖

子和尾巴，脚印像河马，但比河马大得多。怪兽生活在水中，只在夜里出来活动。它以植物为食，一般不伤人。

从土著居民的描述来看，这种怪兽很像中生代生存过的蜥脚类恐龙。这引起了许多动物学家们的极大兴趣，它是活着的恐龙吗？一时间，刚果成了科学家和探险者们瞩目的地方。1978年，一支法国探险队进入密林，去追踪怪兽的踪迹，可是他们从此一去不返。

1980年和1981年，美国芝加哥大学生物学教授罗伊·麦克尔和专门研究鲤鱼的生物学家鲍威尔两次带领探险队前往刚果，他们深入泰莱湖畔的蛮荒之地，从目击过怪兽的土著人那里了解了许多情况。一个名叫芒东左的刚果人说，他曾在莫肯古依与班得各之间的利科瓦拉赫比勘探河中看到怪兽。因为那时河水很浅，怪兽的身躯差不多全露了出来。芒东左估计怪兽至少有10米长，仅头和颈就有3米长，还说它头顶上有一些鸡冠似的东西。

考察队员们拿出许多种动物的照片，让当地居民辨认，居民们指着雷龙画片毫不犹豫地说，他们看到的就是那东西。在泰莱湖畔的沼泽地带，考察队员们发现了"巨大的脚印，还有一处草木曲折侧状的地带，脚印在一条河边消失"。他们认为怪兽是从此处潜入河中去了。据麦克尔博士说"脚印大小和象的脚印差不多"，"那片被折倒的草地显然是一只巨形爬行动物走过留下的痕迹"。但是由于天气恶劣和运气不好，他们始终没能亲眼看到怪兽。麦克尔相信，刚果盆地的沼泽中确有一种奇异的巨大爬行动物。

1983年，刚果政府组织了一支考察队，再次深入泰莱湖畔。据说他们拍下了怪兽的照片，但这些照片一直没有公布。20世纪90年代，刚果地区政局动荡，战乱频繁，多次发生武装政变和军事冲突，这使科学考察很难再继续进行，追踪泰莱湖畔怪兽的工作，只好暂时终止。因此，怪兽究竟是不是残存的活恐龙，也仍然还是一个不解之谜。

长白山天池怪兽之谜

许多年来，有很多人都声称在天池发现有奇特的"怪兽"出没。这给天池又增添了几分神秘的色彩，也引起了许多科学研究人员和科学爱好者的极大关注。尤其是在1980年9月18日，《延边日报》发出一条惊人消息："长白山天池发现奇异动物，有关部门正在密切观察中。"消息如同惊天石，在全国激起了巨大波澜，世界各国也引起了强烈的反响。一时间，"长白山天池怪兽"名闻中外，成了人们的热门话题。

其实这种深湖"怪兽"，世界上并非绝无仅有。1880年初秋的一天，在英国苏格兰北部的尼斯湖中，曾出现了一个脖子很长，脑袋似蛇头的"怪物"，它昂首破浪，顶翻了一只游船，使船上游客全部葬身湖底，无一生还。当时世界各国报刊将此事作为轶闻趣事大加宣传，并为怪兽起了个很好听的名字——"尼西"。正是由于"尼西"的出现，使尼斯湖在世界上出了名，并成为世界著名的旅游胜地。从那时起，"尼斯湖怪兽"就闻名于世，并与飞碟、野人、百慕大三角一起被称为世界四大谜。经科学家们考察研究，"尼斯湖怪兽"是一种名为"尼斯菱鳍龙"的动物，被认为可能是6500万年前遍布全球的爬行动物——蛇颈龙的后代。

有关长白山"天池怪兽"的记载也由来已久了。最早出自《奉天通志》，据称大约在100年前，"有猎者四人，至天池钓鳌台。见芝盘峰下，自池中有物出水，金黄色，首大如盏，方顶有角，长颈多须，低头缓动，如吸水状，众惧，登坡至半，忽间轰隆一声，四顾不见，均以为龙……"《长白山江岗志略》记载更为详细："引路人徐永顺云：光绪二十九年五月，其弟复顺随王让、俞福等六人，到长白山狩鹿，追至天池，适来一物，大如水牛，吼声震耳，状欲扑人，众益惧，相对失色，束手无策。俞急取枪击放，机停火灭。物目眈眈，势将噬俞。复顺腰携六轮小枪，暗取放之，中物腹，咆哮长鸣，伏于池中。半钟余，雹落如雨，大者寸计，六人各避石下，俞与复顺头颅血出，用湿衣裹之，池内重雾如前，毫无所见。"

时隔100多年后，这个"隆兽"又出现了。

1962年8月中旬，有人用6倍望远镜看到出没在天池中的"隆兽"。据记述："距岸边200～300米的水面上露出两个动物的头，一前一后相距二三十米，互相追逐游动。时而沉入水中，时而露出水面。从望远镜中看去有狗头大小，黑褐色。用肉眼看只有两个黑点，但身后留下人字形波纹却十分清楚。后来此动物潜入水中。"

1976年9月26日，延吉县老头沟苗圃的工人及解放军，共20余人，在天文峰上看见一个高约两米，像牛一样大的"怪兽"，正伏在天池的岩边休息。"怪兽"被惊动，走进湖里，游到天池中心处附近消失。

1980年8月下旬，多次出现的"怪兽"先后被10多人目睹，引起了轩然大波。中国作家协会副主席雷加是目击者之一，他曾写有《天池怪兽目击记》，后来写成了散文《天池纪行》，发表在《光明日报》上。

继雷加发现"怪兽"之后，8月23日中央工艺美术学院学生、省气象局的工作人员和天池气象站的电影放映员也看见天池中有动物涌出水面，向北岸游来，身后有很长的人字形的分水纹，其头部和一部分颈部露出水面，头的直径约15厘米，向上仰翘，见颌下光滑为灰白色的皮，不见口、眼、鼻，状如蛇头。长约1.2～1.5米，与身相近处有白色环纹一条，毛皮光滑，类似海豹皮，但无花斑，灰白色。此物出水部分除头颈上，还有背部的一部分，怪物在距岸30米左右处折回，潜入水中，其转弯时划水半径很大。据推测，怪物全身可能有牛那么大。

1980年10月10日，《美洲华侨日报》发表了一篇新闻："身披长毛，像牛似狗，长白山吸引人的大水怪不寂寞，有人说见了5头。"

1981年7月12日，朝鲜有关部门派出的科学考察团在对长白山天池的科学考察中，发现了一只怪物。当天凌晨5时零5分，一只奇怪的动物从峰顶下到天池，从峰麓向对岸峭壁游去。游程1800米，历时1小时20分钟。游至对岸后，坐立2小时30分钟，随后又沿峭壁一直爬上60米处，停留20分钟左右，又西行约2000～3000米。上午10时20分许，怪物进入山谷。根据观察和详细摄影资料，朝鲜科学家认为："怪物是一只野熊，全身呈黑色，胸前有多处白色斑点。"

更为轰动的是1981年9月2日下午1时20分，《新观察》杂志社记者李晓斌拍到了唯一的一张"天池怪兽"的照片。这天下午1时20分，李晓斌身背"尼康"照相机登上了天池，就在这时"天池怪兽"又出现了，他赶紧用100毫米的长焦距镜头对准怪兽，迅速按下了快门，就在这一瞬间，一只在湖面上飞翔的乌鸦和这只怪兽一同被摄进了镜头，结果照片的前景显出了乌鸦，下面则是一个像反扣着的大锅似的天池怪兽。

1985年8月16日又有几位游人见到了畅游在天池中的"怪兽"。1985年11月2日，《光明日报》再次发表署名文章"天池怪兽之迹"，介绍了天池怪兽出现的经过。

1986年8月5日6时25分，"天池怪兽"又一次向人类展示了它的存在，64名游人同时看到了漂浮在水面上的棕黄色的"怪兽"。10分钟后，"怪兽"突然抬了头，随即潜入水中。"又是天池怪兽。"人们不约而同地喊起来，这也是见到"天池怪兽"人数最多的一次。

1996年9月1日，通化矿务局组织职工医院离休的老同志去长白山旅游。当日11时，他们一行6人到达天文峰，天池的美景使这些离休的老同志激动不已。这时，吴大夫突然发现天池湖面上冒出一个黑黑的大家伙，向天文峰方向游来。吴大夫屏息凝神注视看这个黑黑的怪物，并大声喊道："怪兽出现了。"随同吴大夫一起去的通化矿务局电视台的小李，把摄像机对准天池湖面上的"黑家伙"，小李拍摄了大约有20秒钟的时间，随后"怪兽"沉入湖中不见了。记者反复看了多遍录像片。可以肯定这部录像片是真实的，这部录像片比其他拍摄到的天池怪兽资料都清晰，它详细、清晰地记录下"怪兽"在湖面上出现到最后沉入湖中的全过程。根据"怪兽"游动时湖面上翻滚的水花和怪兽头部形体的晃动，"怪兽"很像是一只长白山黑熊。

历史的记载和目击者们的描述，给我们勾画了一幅幅"天池怪兽"的图像。然而对于它究竟是一种什么动物，至今尚无定论。因为根据动物分类学的要求，要证实一个物种的存在至少需要得到一副动物的头骨才行。根据目前所掌握的资料，科学家们也对"天池怪兽"作出了各种各样的推论和猜测。有人认为"天池怪兽"很像英国尼斯湖的尼斯菱鳍龙，可能是一种在6500万年前遍布全球的爬行动物——恐龙的后代。但有人提出异议，长白山主峰火山锥体是第三纪以来形成的，而恐龙类动物早在6500万年前已绝灭，并且长白山火山在新生代有过多次火山喷发，天池又是火山喷发中心，若天池中果真有恐龙的后代遗留下来的话，恐怕也早已灰飞烟灭、尸骨无存了。更何况对于"尼斯湖怪兽"至今也无定论，仍然是一个未解的科学之谜。有人认为"怪兽"可能是水獭或黑熊，可又无法解释有人看见那个"怪兽"时而沉入水中，时而露出水面，最后消失于湖心之中。还有一说似乎更为离奇：认为"怪兽"不过是一只蛾子在水中扑腾形成的划水线。此说无法解释人们看到的"头大如牛，体形似狗，嘴状如鸭"的形象。也有人大胆设想：在天池底部或许存在着一个独特的、与阳光无关的生态系统，为"怪兽"的生活提供了必要条件。这种设想显然也没有足够的科学证据。还有人推断天池中所谓的"怪兽"可能是在特殊光学条件下，在池水中形成的幻影，这种解释似乎更难以让人们接受。时至今日，对于众多目击者亲眼看到的出没在长白山天池中的"怪兽"。还没有得到令人满意的解释，它和神农架野人之谜、飞碟以及尼斯湖怪兽之谜几乎是一样的，虽然目击者甚多，或只望其形，或只见其影，都没有真正拿到可信的、科学的证据，都没有采集到活的或者死的怪兽标本，当然是不能得出任何定论的。因此，"天池怪兽之谜"尚有待于更多的人去考察、去探索。终究有一天，待哪位幸运者捕捉到这个怪物后，就会彻底揭穿这个怪兽之谜的。

水怪"伊西"和"切西"

1978年9月，从日本又传来发现水怪"伊西"的消息。9月3日，日本鹿儿岛新宿市的一名37岁的男子川路丰带领全家扫墓。这之后当他们到达九州最大的池田湖畔游玩的时候，川路丰忽然叫了起来："快看，和尼西一样的怪兽。"站在湖边的20多人几乎同时看见湖里有个巨大的黑色生物，浮出水面露出了两个像驼峰一样的脊背，驼峰露出水面约有50厘米~60厘米，两个峰的间距据说达5米，估计这个生物足有30米长。当时还出动了汽艇追赶，但毫无结果。川路丰父子们还将所看到的影像画成了草图。自然，这成了新闻，报纸上大登特登，吸引了众多的有志者前来搜寻、探查，但毫无所获。池田湖是一个圆形的火山口湖，方圆19.22千米，面积11.14平方千米。湖虽然不大，但最深处可达265米，除养殖淡水鱼外，还是一种大鳗鱼的保护区。这种大鳗鱼长2米，体宽50厘米，体重1.5千克。问题是尽管该湖的湖水透明度占世界第七位，可是到现在人们还是没有办法从湖里再次看到怪物的影子。人们给这个湖怪起名叫"伊西"。

差不多与此同时，在美国东海岸也发现了怪兽——"切西"。这是在美国首都华盛顿东面从波特马克河河口伸向切萨皮克湾的海域里发现的。1978年的夏天，对美国东部来说是一个炎热的夏季，连续好多天气温超过30℃。大概是因为在水里太憋闷了，"切西"这个长约10米、圆背、长颈、小脑袋的怪物伸出了水面，有时甚至同时出现3头这种怪兽。发现它们的人当中还有美国中央情报局的职员，这些经过射击训练的神枪手们，迅速掏出手枪射击。遗憾的是，对于这些幽灵般的湖怪，美国中央情报局的特工们的本领也显得不够了。人们除了以切萨皮克湾的名字给这个怪兽起名叫"切西"，并大肆登报宣扬之外，也就别无所获了。

此外还有消息说在俄罗斯、印尼爪哇岛等地都发现过湖怪。奇怪的是不论是"切西"还是"伊西"，人们除了偶尔一睹它们的尊容之外，却怎么也捕捉不到它们。有人以这些湖怪长久不露出水面为由否定它们的存在，认为如果是爬虫类的动物，怎么会长久潜在水中呢？古生物学家却发现有些生活在水里的蛇颈龙头上有一个孔，原来这是它们的鼻孔，用以露出水面进行呼吸。如果湖怪也是这样的话，人们自然就很难发现它们的面貌，因为它只需把头顶露出水面就可以了，小小的头部浮在水面上很难被人看到。

一些深达二三百米的湖中，发现湖怪的事例很多，在未得出结论之前，暂且算做尼西的同类吧。于是有的生物学家说："拜托了，请多注意深湖里到底有什么怪物吧"。如果说某些湖中确实有着人们不认识的庞然大物的话，那它们只能是祖居在湖中的了。有意思的是发现怪兽的湖，虽然面积不算大，却都很深，而且是地质年代久远的湖泊。这么多的湖怪是不是都是人们的妄谈或者神智错乱的胡说呢？看来不像。不管怎么说，尼西始终成为近代生物学上一个最大的谜。

塞尔尤尔湖怪兽

前不久，传来一则报道怪兽的新消息。消息来自于挪威，一支新组织的国际探险队准备揭开挪威南部泰勒马克地区的塞尔尤尔湖怪兽之谜。据说这个湖中类似尼西的怪兽已困扰了当地居民达250年之久。从1998年8月4日起，探险队将在这个深水湖展开搜查，探险队队长瑞典人松德贝里对记者说："如果湖中确实存在着一种至今人们还不认识的动物，那么今年夏天我们就要把它找出来。"看来人们探索深水湖怪兽的工作远没有结束。

欧哥波哥怪物之谜

尽管一提到湖怪，映入人们脑海的第一个名字可能是尼斯湖，但是比起苏格兰和斯堪的纳维亚的众多湖泊，加拿大的湖泊也许提供了一个更富有成果的研究领域。许多可信的目击者都报告过，他们在加拿大的既深又神秘的内陆水域中见过奇怪的生物，并且这些报告是经常不断，而且是来自最近时期的。

远在欧洲人到达这里之前，土生土长的加拿大人就已在他们自己的历史中对湖怪做了大量的解释性陈述。尤其常常提到的是欧哥波哥怪物，据报告它是来自奥卡纳贡湖。这个湖很深，全长有128千米，在太平洋沿岸的英属哥伦比亚。这个众所周知的名字与奥卡纳贡湖的关于那个怪物起源的真实传说联系不多。这个传说未必是真实的，一个叫老肯海克的人在这湖的附近被谋杀，人们便用他的名字命名这个湖，借以纪念他。上帝将这个凶手变成一条巨大的水蛇来惩罚他，并且判决他永远地以这种模样留在他犯罪的现场。传说中，这个怪物生活在响尾蛇岛附近的"暴风角"海面的深水岩洞中，当地的人们向水中投入小动物作为食物以平息这个怪物。这很像芬兰神话故事中的一段，在这个神话中，一个长得像巨大青蛙的动物称之为"伏迪亚诺"的水怪，时常出没于磨坊的水塘。磨坊主们往往把毫无戒备的旅行者扔进水中，喂食他们当地的"伏迪亚诺"，从而保护自己和他们的家人。

还有，根据古老的奥卡纳贡传说，在这个湖的两端以及这个水蛇喜欢出没的响尾蛇岛和传教河谷之间，人们都曾见过它。

西藏文部湖怪之谜

中国有无"尼斯湖怪"，至今还是个谜。但是，有关"尼斯湖怪"的传闻，在西藏高原早有叙述。

曾多次参加过西藏高原科学考察的陈挺恩说：1976年8月初，考察小组来到申扎县，县委王书记向我们介绍了该县概貌后，还特意讲到神秘的文部湖怪物的事。王书记说："从县城向西北骑马走7天，就会碰到一个辽阔而美丽的大湖，此湖原称'唐古拉游牧错'（'错'，藏语即湖之意），通常叫它文部湖，现据藏语译音正式命名为'当若雍错'。此湖风景秀丽。水深莫测，鱼类丰盛，湖中栖息着一只黑色怪物。此怪很奇，头小，眼大，身子似牛。"

当时，由于考察队是进行综合性科学考察，对各种资料都注意搜集。但作为一个科学工作者，在未见到实物或照片的情况下是不可轻易下结论的。因而我们反驳说："不可能，高原上这么冷，哪会存在这类怪物！"但王书记坚持说，这不是传说，而是文部区区委书记和另外3名藏族同胞亲眼所见。并说："你们不信，等有机会文部区书记来开会时，我请他亲自向你们谈。"

此外，当他们听说考察队之中有专门研究湖泊的专家，准备乘橡皮艇下湖考察时，很多好心的干部和群众都劝我们说："可不能轻易下湖啊！湖里情况复杂，很危险！"从他们的目光中，甚至还带有一些神秘的色彩。听了这段神奇的传说，不由得激起了考察队的好奇心。尤其是工作一段时间之后，我们在申扎县医院发现了两块非常完美的古人类使用过的石器。一打听，又是产自文部湖附近。为了探索高原之谜，为了找到更多的远古人类的工具——石器，全组同志一致决定去探索文部湖，"不入虎穴，焉得虎子"。

文部区处于西藏的正中央，是申扎县最边远的一个居民点，由此往北就是茫茫荒原的无人区。除了平叛时期解放军来过车队之外极少有人到过。

"当若雍错"与其北面的"当穹错"原是属于同一个更大的湖泊。后来，由于青藏高原不断上升才分成两个湖。它们之间以一沙坝相隔。乍一看去，犹如一道精工修建的大坝。从这里往南行，过了沙坝就进入文部湖盆地了。真是名不虚传，呈现眼前的果然是一派大好风光。

835平方千米的湖面平静如镜，四周群山环绕，组成了一个独特的"小天堂"，湖边山峰都在6000米以上。皑皑雪山映入碧波万顷的湖水中，显得格外妖艳。在这个闭塞的湖盆中，阳光明媚，气候宜人。由于空气稀薄，没有污染，人们的能见度特别高，十几千米外的对岸也能一目了然。

在区委大院内还生长着两棵藏北高原上罕见的小柳树，别看这两棵只有一人多高的幼苗，它们能在这4600米以上的高原上扎下根，真是个创纪录的奇迹。更使我们惊讶的是，湖岸阶地上展现着十几公顷金黄色的小麦，还有青稞和甜根，真是意想不到的动人景象。正巧也在这里检查工作的县委龙副书记在向我们介绍情况时，又一次提到"当若雍错"怪物的事，情况与王书记所述大同小异。当我们提出疑问时，他一再强调此事为区委书记耳闻目睹。当地居民和干部们也反映说，在清晨的雾霭中可以见到此怪浮在水面的情景！它的身子像牛一般大小，色黑，大眼，小头。当时，我并不相信这个传说，但也不知为什么，每天一大早，常常不由自主地漫步于湖岸阶地上，向远处眺望。希望能有幸目睹一下这怪物。但遗憾的是未曾亲自目睹。

可是，从我们对"当若雍错"初步考察的结果分析，此湖和英国的尼斯湖从地质构造及自然条件等因素来看都很相似。比如，"当若雍错"和尼斯湖的成因类型都属断陷湖。特别是前者的新构造运动更明显：湖北面和东面都有大断裂，巨大的断层三角面耸入云天；高面窄的湖岸阶地多达20级以上；面且湖盆四周至今仍地震频频。这充分说明地壳不断上升，湖底陷落。其次，"当若雍错"面积达835平方千米，较北京市区大得多。在这样较大的水域里，水中生物有充分的活动余地。况且，湖盆地虽然处于高原，但这里的气候条件良好。古石器的发现，证明二、三十万年前就有古人类在此生息。据当地民间记述，这儿早就有种小麦的历史，至今小麦、青稞生长繁茂。并能种柳树和甜根，说明文部湖盆地适宜动植物生长。另外，此湖属咸水湖，但含盐度不高，仅18.49%，介乎淡水与海水之间，适于鱼类生长。因而不能不使我们产生一系列疑问，西藏地区有没有可能存在"尼斯湖怪"一类生物呢……

青藏高原在7000万年前的白垩纪还是一片炎热的海洋，属于古地中海的一部分。当时，海洋中生活着大量史前生物：有色彩绚丽的菊石；能像火箭那样迅速游泳的箭石；各种各样奇特的贝壳类，宝石花般的六色珊瑚；全身长刺的海胆以及形形色色的有孔虫，此外，还有大量恐龙在海中嬉水，在空中翱翔，形成一派生机勃勃的景象。直到1200万年前的第三纪，由于板块运动，青藏高原逐渐变成陆地。大约在300万年前，喜马拉雅山才抬升成为今日之"世界屋脊"。在这漫长的地质演变过程中，生命亦不断演化，新的、更高级的生物不断涌现，大批原始类型的物种被淘汰，这是生物演化的一条规律。但是，在普遍性之外，尚会有少数特殊现象，在生命演化的长河中，会有个别分子因适应环境的变化而残存下来成为孑遗，或成为"活化石"。

西藏面积广阔人烟稀少，肯定存在一些迄今未被人类发现的动植物，这是无可置疑的！尤其是在这浩瀚的高原上遍布着大大小小的湖泊，据统计，西藏的湖泊面积约占全国湖泊表面积的30%。在湖水的保护和覆盖之下，少量史前生物由于逐渐适应了环境的变化而保留至今，也不是绝对不可能的！

铜山湖的"水怪"之谜

在中国河南的铜山湖爆出了有"水怪"的消息。当地人不止一次言之凿凿地向来这里的人提起泌阳铜山湖有"水怪"出没！

铜山湖（当地人又称之为宋家场水库）属长江流域唐白河水系，湖水发源于伏牛山脉的白云山区，之后经泌阳河、唐河入汉水，最后归入滔滔长江。

目前，铜山湖（宋家场水库）有水面积186平方千米，蓄水量133亿立方米。湖区周围没有工业污染源，湖水清澈纯静，"在水里游泳能从头看到脚"，所产鱼类肉质鲜美。

关于铜山湖有"水怪"的见闻最早始于20世纪80年代中期，之后几乎每年都会出现，有时一年达3次之多。

当地几位知情人曾讲述了3宗最具真实性、并经过有关部门核实的"水怪"出水"做案"的个案。

1985年9月的一天晚上，皓月当空，风平浪静，湖区水产队捕捞职工马海立驾驶一只机动挂帆木船自西向东穿过水面返回住地。当行驶至湖心岛浅水区时，他猛然发现，一个庞然大物正趴在岸边一石头边蠕动。马海立颇感好奇，就驾船朝那"怪物"慢慢靠近。月光下细看，他被"怪物""狰狞"的面目惊呆了，只见这个黑乎乎、仅有上半身露出水面（下半身仍在水中）的"怪物"，头有牛头般大小，状如蛇首，有两只短角；嘴扁平，簸箕般宽大；有两只核桃般大的鼻孔；两只眼睛宛若鸭蛋；皮肤粗糙，身上有铜钱般大小的灰色鳞片；露出水面的前躯有两爪；见有人来，"怪物"忙缩身入水，向东南方向游去，所经之处，激起半米高的白浪，散发出一股股恶腥气味。

马海立早已被吓得魂飞魄散，忙驾船离去。据管理局一位领导介绍，马海立事后"吓出一身病"，月余方愈。

受到"怪物"惊吓的不仅仅马海立一人。时隔10年后的1995年，"水怪"又先后吓倒了两批人。

这一年的8月8日，河南省乎舆县办公室主任邱某一行几人到泌阳县考察学习。学习之余，由该县一位副县长陪同游览铜山湖。船行至距岸边50米时，邱最先发现前方一二十米处有3个排成一条直线的黑物同时下沉，出现黑物的水面顿时变作一条鸿沟……船上人大惊失色，忙呼游船掉头。正惊慌间，只见一个移动物体朝远处急驶而去。

县里一位领导获知此事后，为这个"怪物"起了一个雅致的名称："泌阳龙"。

两个月后的1995年月10月，泌阳县委组织部在湖区管理局举办副科级后备干部培训班。25日下午4时，杨林海、李森等6名学员课余在湖面上划船游玩。正嬉闹间，6人几乎同时发现前方数米远处有一黑色"怪物"突然出现，其脊背露出水面十几米长，头抬起半米高，长着两只角，两眼发着绿光……几个人顾不上细看，在一片"水怪！水怪！"的惊呼声中，用尽全力把船向岸边划去。由于过分紧张，船在离岸边3米远处翻了个底朝天，6人同时落水，幸亏此处水浅才没发生命案。

"铜山湖有水怪"一说，由此愈传愈广。

湖区管理局干部赵华卿是"水怪"的目击者。他曾经两次亲眼目睹到"水怪"在铜山湖出现。

赵华卿第一次看到"水怪"是在1992年8月9日，这也是"铜山湖发

现水怪"以来首次有确切的日期记载。

"那天下午，天气很热。我刚吃过午饭，就看到舞钢市（亦属河南省，离泌阳较近）几位垂钓爱好者喊叫着跑过来。他们几个常到铜山湖钓鱼，我比较熟。我一看他们个个满头大汗，脸色都变了，就急问他们出了啥大事。他们哆嗦着告诉我'有水怪，有水怪啦。'我原来多次听人家讲铜山湖有'水怪'，就是没见过这家伙，听他们这么一说，就不顾一切跑过去。一到湖边，就发现离岸边30多米远的地方，果然有一个长约20米左右的黑色'怪物'，正慢悠悠地向北游去，仅露出巨大的脊梁，看不到头和尾。它游得很慢，湖面上并没有出现波浪，一切都静悄悄的，只是鱼腥味很浓。我就跟着它沿岸往北走，20分钟后，它突然消失了。

"回去后，我问那几位收拾家伙正准备走的舞钢人，到底咋发现

'水怪'的，他们向我讲了事情的前前后后。他们为了钓到大鱼，选择了一临水陡岩处下钩，那里水深足有20米。过了大约一个小时，平静的水面突然掀起巨浪，一股浓烈的鱼腥味扑面而来。接着，水中冒出一个庞然大物的前身，鼻孔中喷出水柱，带爪的前肢扑打水面，张着一张簸箕大嘴……"

此事得到湖边一间杂货店女老板的证实。她告诉人们："那天下着小雨，我正坐在店里，见舞钢那几个人上气不接下气地跑着喊'水怪出来啦'，我往湖里一看，见那'水怪'身子真大，有20多米长，黑黢黢的……"

赵华卿第二次遭遇"水怪"是在几年后的5月3日。

"那天是个晴天，下午两三点钟，我正要外出，就听见一位姓刘的酒店老板喊'快来看呀，水怪出来啦！'我马上跑过去，见湖边的楼上已站了100多人，有游客，有职工，有家属。站在高处，我发现离岸边约100多米的湖面上，有一个黑色的'怪物'正上下一拱一拱地往前走，仍是仅看见脊背，看不到头尾，从水中的黑影看，估计身长有一二十米。这次，'怪物'走得很快，所过之处，水乎乎地往外翻，浪高约有一两米，过后三四十米仍有浪花。约10分钟后，那怪物消失。当时，那个'怪物'在湖叉处，两边都是山，看起来很美丽。有游客用相机拍，但由于使用的多是傻瓜相机，距离又远，故冲洗出来后看不出什么。事后有人分析，可能是因为'五一'期间游客太多，大小游船都下了水，把它轰了出来。"

这次"水怪"出现，由于目击者众，得以大面积传播。当地一家晚报获知此事后专门派人采访，并予以发表。一时，"铜山湖水怪"成为当地人茶余饭后议论的热门话题。"水怪"到底是什么？众多"见闻"

中，也不乏有让人难以置信的离奇成分。有人声称见过"水柱冲天，蛟龙游动"的场面。1985年9月的一天，10多位湖边放牛者正在聊天，发现湖面突然冒出一个直冲云霄的水柱，哗哗作响，两条蛇状物体扶摇直上……数分钟后，水柱消失，水库平静如初。泌阳县委宣传部一司机也声称，1989年9月初，他同其他4人于大雨滂沱中路过铜山湖时，见到了"水柱"奇观，怪形如前面所述。

另据湖区水产队队长宋某透露，20世纪80年代初期，水产队职工曾从湖中捕捞过100多千克的大鱼。但自从"水怪"惊现铜山湖以来，10多千克、几十千克的大鱼再也没有见到过，下网捕鱼时，鱼网常常破损，破洞最大的可通过小汽车。有人怀疑此乃"水怪"所为。

自1985年以来，已先后有100多人声称看到过"水怪"，虽然他们对"水怪"的描述多少有些差异，但出入不大。"水怪"出现的时间也由过去的秋季、雨后、傍晚、闷热天气，发展到今天的不分季节和昼夜……但从无"水怪"伤人的记录。那么，这一水中"怪物"到底是什么？它又是如何出现在铜山湖的？10多年来，人们对此议论纷纷，莫衷一是。由于至今仍无定论，导致各种"民间传说"盛行。

当地政府部门的有关人士做出了下述两种看似颇具科学性的解释。

一说是扬子鳄。宋家场水库建好之初，曾从武汉购入大量鱼苗，不排除鱼苗中挟带有鳄鱼苗，如今长大了。

二说是中华鲟。生长于长江的中华鲟，遇汛期逆洪水而上，经汉水、泌阳河入铜山湖。

但无论是扬子鳄还是中华鲟，与人们目睹到的"怪物"相貌皆有较大差异，故当地人士和有关部门恳请各地专家、学者能亲临铜山湖考察，早日揭开"水怪"之谜。

青海湖 "神灵显形"

青海湖位于青藏高原北部，面积达4583平方千米，是我国最大的内陆湖。青海湖海拔3196米左右，深32.8米。四周山峦环抱，湖水清澈湛蓝，越往湖心，涩咸的死水浮力越小，几乎无人敢去。曾有一艘机帆船试着向湖心挺进，可没驶几里路，船就翻沉了，从此再也无人敢冒此险。

湖心到底是什么模样？好奇的人们不禁纷纷猜测，湖心神秘的传说就这样产生了。传说青海湖湖心底部实不寻常，那儿有个无底的大黑洞。此洞遥通北面的黑海，黑海水靠湖水输送过去。多少世代以来，青海湖周围的雪山冰川消融的流水不断送入湖里，却不够黑洞送走的水量。于是，青海湖的水潮已较几百年前减退了三四十米。黝黑的神灵就幽居在这个黑洞里，横穿"水桥"，有时来到这个湖里，有时远走他乡。关于黑洞和鱼精灵之说，极大地诱惑着一位年轻藏民的好奇心，他甘冒生命危险，孤身一人冒险踏冰进入湖心，他在湖心冰面上寻觅多时，并未找到清晰的黑洞口，却在一处水下发现了庞大的漩涡，把水搅得飞旋乱转……据专家估计，可能湖心存在一种强磁场，使水流急转形成漩涡，漩涡底部可能有通往不知去向的"水桥"洞口。

1955年6月中旬，一小队解放军战士陪同一位科学家在青海湖进行科学考察。一天，他们10个人分乘两辆水陆汽车，从海星山东侧向对岸开去。中午11～12点，天气比往常热，水面较平静。当行进大约十七八千米时，班长李孝安发现右前方80米处出现一个长10余米、宽2米左右的黑黄色东西，其顶端基本与水面持平。当时，李孝安以为是遇上了长着青苔的沙丘，便提醒司机注意。"河丘"越来越近了，在与战士们相距30米左右时，肉眼都可以看清它，正当人们议论它时，突然看见"沙丘"向上闪动了一下，露出水面约30厘米，接着马上又下沉消失不见了。

1960年春，正值捕捞旺季，渔业工人在湖里捕鱼。突然，工人们发现遥远的湖心水面上，骤然卷起冲天巨浪，顷刻，只见一片黑色的"巨礁"从水里渐渐浮起，既像鳖壳又像鲸背，犹如一座无名岛屿。良久，只见"黑色巨礁"晃动了一下，又激起一阵冲天巨浪，然后沉入水中。这一景象先后出现了几次，令目睹者惊讶！人们纷纷传言，疑为千年鱼精龟鳖之类显灵。

1982年5月23日下午，青海湖农场五大队二号渔船职工再次目击到"水怪"。那天下午天气闷热，湖面风平浪静，4点多时这艘渔船开始返航。后来站在船尾的两名工人看见在海星山偏北20度东面，有一个巨大的黑黄色怪物在水面上一动一动的，像一只舢板船反扣的形状，比舢板船稍大，不露头尾，大约13～14米。这个水怪立即引人注目，舵手立即调转船头直冲这个怪物，但船开到距离这个怪物大约50米的地方，可

能由于渔船声音太大，惊动了它，怪物马上潜下水去。从发现怪物到其下潜，共约5分钟。下潜时怪物身上闪着鱼皮似的光，水面上出现了一道又宽又大的回漩水流，一直持续了很长时间。令人高兴的是，渔船记录簿上详细记述了整个目击经过，第一次为研究青海湖水怪提供了真实可靠的文字记载。

综合分析这3次目击情况，可得出几个共同点：一是水怪出现之前天气都较为闷热；二是3次目击到的水怪形状均较大，颜色都是黑色类，活动特点都是露出水面一下然后立即下沉，长度都在10多米，由此可以断定3个水怪是同类物体。它们出现的地点都在海星山与青海湖东岸之间。

科学家推测，青海湖水怪不太像是蛇颈龙之类的远古爬行生物，因为3次出现的水怪都是藏头藏尾的，无高大的驼峰，这些均不符合蛇颈龙的生活习性。多少年来，青海湖畔的藏民一向把天上飞鹰和水中游鱼奉为神灵，从不伤害和捕吃鱼类，久而久之，致使湖内鱼类繁殖到饱和程度，数十斤重的大鱼很常见。尽管现在有了国营渔场开始捕捞，但湖内是否还遗留罕见的大鱼，也未可知。当然，说水怪可能是大鱼不足为信，因为淡水鱼最大也不可能长到十三四米长，据文献记载，淡水鱼长到五六米长就属稀见了。

青海湖水怪不是"神灵"，也不是大鱼，那会是什么呢？它的出现已引起世界科学界的关注。总有一天科学会揭开罩在它身上的神秘面纱。

神农架长潭水怪之谜

在湖北神农架林区新华乡石屋头村和猫儿观村之间，前后至少有20

人在同一深潭里看到几个巨型水生动物。不少目击者介绍说，每年6~8月，当这种怪兽浮出水面时，嘴里往往喷出几丈高的水柱，接着冒一阵青烟。水怪活动之后，天往往很快下大雨。

1985年7月的一天中午，石屋头村党支部书记田世海路经长潭，长潭周围是深山老林，壑深壁绝、人迹罕至。突然，只见水面翻动，哗哗直响，冒出几丈高的水柱。他非常惊奇，再仔细一瞧，发现水中有好几个特大的"癞头包"正在向上喷水。它们的皮肤呈灰色，头扁圆形，有两只比大饭碗还要大的圆眼，嘴巴张开后足有1.3米长，样子十分吓人。前肢端生有五趾，又长又宽，扁形，在水中呈浅红肉质色。

1986年8月的一天中午，猫儿观村农民张兆光经过长潭赶回家里，当时天气阴暗、十分闷热，他走到潭边时，见到潭中冒出阵阵青烟白雾，很快向四面散开，在烟雾中有几个巨大的灰乎乎的怪物，两眼发光，嘴巴像一只大簸箕。他以为遇上"水鬼"了，吓得连忙跑回家。

大岭村农民周政席说，1986年7月中旬，他经过长潭，发现潭中有四五个巨大的漩水涡，并且不断地移动位置，后来漩涡中的水不断上升为水柱，好像喷泉一样，接着从绿绿的水中露出几个圆圆的大脑袋，两只大眼睛活像一对大灯笼，只一会儿就沉下去了。

大约7亿年前，"神农架群"地层才开始从一望无际的海洋中缓缓崛起为陆地。几经变换沉浮，到距今1亿多年前中生代，神农架一带才变为真正的陆地，但那时海拔不高，湖泊沼泽星罗棋布，气候温暖湿润，大型动物恐龙成群活动。在距今约7000万年前，神农架地层上升，海拔增高，这一时期无数古老的大型兽类如板齿犀、利齿猪等成群结队在河湖边出没。这点已从近年来神农架发掘的板齿犀化石等得到证明。可以推测，在气候环境得天独厚的神农架林区，很可能有某种远古大型动物，有幸躲过了第四纪冰川灾难而残存下来。但至于这些水生怪物是恐龙、巨蟒还是某种远古时代大型动物的"活化石"，只能作为神农架又一新谜留待探索。

冰川期的怪兽重现之谜

在地球的历史上，曾出现过3次大规模的冰川时期，即震旦纪大冰期、晚古生代大冰期、第四纪大冰期。

震旦纪大冰期发生于8.5亿年前～5.7亿年前的震旦纪，冰川最盛时覆盖了亚洲、非洲、美洲、大洋洲的许多地区。晚古生代大冰期发生于3.5亿年前—2.5亿年前的二叠纪，南半球的广大地区，包括大洋洲的大部、南美洲、非洲都被冰川所覆盖。第四纪大冰期发生在最近的300万年间，冰川最盛时，地球上32%的陆地面积被冰川覆盖。

在第四冰期结束时，人类到达了辽阔的北美草原，此后不久，生活在这里的大地树懒等动物突然灭绝了。

大地树懒又称巨型树懒，是一种习惯在陆地生活的树懒科动物，一般栖息在美洲中南部的热带地区，身躯高大，行动缓慢，能直立行走。由于大地树懒离开人类已经300万年，故有关它的详细记录非常有趣。

现在南美和澳洲生活的三趾树懒与大地树懒有些不同之处。三趾树懒与犰狳和食蚁兽一样，同属贫齿目，身高60～70厘米，小脑袋，小耳朵，短尾巴像是有些退化，不能直立行走。三趾树懒依靠在树干上，或者倒挂在树上，很少下到地面上来。

虽然大地树懒已离开人类300万年，但许多生物家和考古工作者都没有放弃对大地树懒的研究，甚至在冥冥中期待着与大地树懒在文明时代的相逢。事实上，自19世纪以来，世界各地都有对大地树懒的各种传说的猜测。

1882年夏，美国内华达州卡森城州监狱的囚犯在采石场干活时，发现一层砂岩上有动物的化石脚印，其中除已经绝迹的长毛象的脚印外还发现了类似人的脚印。这"人"的脚印分6个交替从右至左的序列，足迹前后相距在80厘米～90厘米范围，每个长46～50厘米，左右跨度60厘米～70厘米。地质学家约瑟夫·李康特试图将这些"人"的脚印解释为绝迹的大地树懒在中新世留下的。但后来根据相关化石的研究发现，大地树懒为了能用两脚直立行走，必须用尾巴来平衡，但这里没有尾巴的压痕，而且大地树懒的脚印应有脚趾隆起，以及明显的爪子痕迹，但这些脚印却都没有。因此，科学界不得不否定了约瑟夫的猜想。

1831年，达尔文随英国"贝格尔"号军舰到南美洲进行了一次不寻常的环海考察。他先是在阿根廷的彭塔阿尔塔，挖掘出一大批科学上未知的久已绝迹的古生物化石，包括大地树懒、犰狳、一只样子像河马的箭齿兽、一头早已灭绝的南美象和其他一些动物。达尔文把阿根廷的这些平原叫做"灭绝已久的四足动物的巨大坟墓"。他坚信，貘、树懒、犰狳这些生活在南美洲的现代动物，都源于同一种古代巨兽。达尔文开始苦思冥想这些物种之间的关系，后来发表了重新组合的陆上大地树懒骨骼草图，为科学家研究冰期生物的生活和消失提供了可供借鉴的资料。

据说，20世纪初，有人曾在南美的热带雨林发现了一种巨大的未知怪兽，这是一种比南美犰狳和未知的猿类物种还要庞大和危险的动物。当地林区的人称之为mapinguary，据说这种东西一直在马托哥罗索一带游走。

贝伦的哥尔迪自然博物馆的戴维·奥伦用了20多年的时间在追寻一

种怪兽，收集到一些有价值的资料。虽然早期的神秘动物学家们尝试性地给这种动物取了一种未知猿的名字，可是，奥伦相信，那有可能是一种仍然存活着的大地树懒，跟史前的磨齿兽相似。但是，一般认为树懒是一种动作很慢、无法保护自己的食草动物，而奥伦收集到的叙述表明mapinguary有出乎意料的摧残性的防御能力。它的腹部有一种可以放射味道的腺体，释放出来的气体非常难闻，足以使天敌闻风而逃。可是，经过漫长的等待，奥伦并没有找到这种动物。

当"贝格尔"号驶入太平洋时，达尔文已经放弃了他回家当牧师的计划，而决心做一名博物学家。因为在沿南美洲的西岸北上的航行中，他耳闻目睹了越来越多的有关自然力量的种种表现，也明白了自然的力量能发挥什么作用。他亲眼看到了一座火山在瞬间吞噬了四周的物种，也看到了一场地震毁掉了一座小镇。1835年9月15日，达尔文在加拉帕戈斯群岛登陆。这是一座以动物命名的群岛，意为"巨龟"。达尔文对这个无人居住的群岛的最初反应是沮丧的。可"贝格尔"号围绕着群岛航行了一个月，在一个又一个岛屿上作了停留。达尔文对自己所见到的一切日益入迷，群岛孕育着许多神秘的事物使他感到做一个博物学家的乐趣和迷惘。

大地树懒的神秘消失也使达尔文感到迷惑不解。尽管大地树懒在冰期末期的灭绝几乎是一个不争的事实，但如何解释它的消失却是个难题。许多科学家怀疑是人类的到来使这些动物陷入绝境，因为像树懒这种行动缓慢、反应迟钝的动物面对超级肉食者人类来说，很少有幸存的可能。

但是包括达尔文在内的许多科学家认为，事件可能不会那么简单，在辽阔的美洲草原，人和自然的力量相比显得那么微不足道，在19世纪，有关大洪水的解释普遍流传。根据《圣经》所述，由上帝降赐的这场洪水是为了惩罚邪恶的世界。在洪水中，世界上大部分生灵都在诺亚方舟中得到拯救，而大地树懒和其他一些动物就没有那么幸运了。它们被洪水吞噬，这些物种也就灭绝了。

达尔文像其他基督徒一样通晓《圣经》，但有关洪水的说法，使他感到不安，传统上的牧师所讲授的世界历史只能追溯至几千年前。但是被后来的科学家们所证实的几百万年的世界历史似乎更接近事实。在达尔文他们看来，发怒的上帝降赐的洪水并不是突发的，而是缓慢形成的。洪水遗留下了火山、河流和海洋，生存条件的改变，导致了巨兽的灭绝，但为什么不是全部死亡呢？较小的同类，以及三趾树懒、犰狳和水老鼠又是如何适应这种环境的呢？

具体地说，比如生活在澳州树上的三趾树懒，排泄时必须爬到地上来，但是由于它行动缓慢，地面上的捕食者很容易伺机将其捕捉。按照物竞天择的说法，这种动物应该很容易被淘汰。但是这些动物早已生存很久了，而且许多动植物在生理结构上百万年间都没有重大改变。

现在科学研究表明，世界上的某种因素可能限制了每个物种和种群。这也是达尔文的思想。但达尔文也不能肯定这种生物种群的控制是如何奏效的，但他确信它发生过。他认为有时这种控制过于严格，过于有效，而使某一种类的动物数目开始下降了，变得越来越稀少，直至灭绝。

喀纳斯湖中的巨鱼之谜

喀纳斯湖位于阿尔泰山原始森林的喀纳斯自然保护区内，是我国唯一属北冰洋水系的内陆湖泊。

相传喀纳斯湖湖面常有一种怪现象突起的巨浪腾空翻腾。有时在阳光的照射下还会呈现一片刺眼的红光，湖边的牛、马，也时常莫名其妙的失踪。据当地的居民讲，早在20世纪30年代时，人们曾在湖中捕到过一条巨鱼，仅鱼头就犹如一口大锅。因而，人们推断，喀纳斯湖的怪现象是巨鱼在兴风作浪。

那么这种巨鱼究竟是什么鱼呢？它又到底有多大呢？为了弄清真相，新疆大学的教师曾用两个直径约20厘米的大钓钩以羊腿、活鸭等为饵料，希望巨鱼能上钩。然而他们只看到一条足有浮标3倍长的巨鱼从浮标旁游过，却未能捉住它。

1985年7月，新疆大学生物系向礼阪副教授带领的保护区考察队，又在喀纳斯湖发现了巨鱼，最大的鱼头几乎有小汽车那样大。同月24日，新疆环境保护科学研究所的一支考察队，在湖面上发现了几个红褐色的黑点，起初以为是浮生植物，后用望远镜观看，发现竟是巨大的鱼头浮在水面，还露出一点儿脊背。据目测，最大的鱼头近1米宽，鱼体大约有10米，所有大鱼的总数近100条。

后来有人根据鱼的形态和特征判断巨鱼很可能是哲罗鱼。然而也有人提出异议，认为哲罗鱼一般身长只有两米多，已捉到的哲罗鱼最重也不过50多千克。尽管喀纳斯湖水面宽阔，湖水幽深，且有丰富的饵料，但也无法使哲罗鱼长到人们所见的巨鱼那样大。

1986年，考察队又派出直升飞机，对鱼群进行低空跟踪拍摄，获得了大量的珍贵资料。经专家论证，认为这种大红巨鱼可能是大型哲罗蛙，它系鱼纲、蛙形目，哲罗蛙属北方山地冷水性淡水鱼类，鱼体长度约12～15米，头部宽1.5米，估计重量在2～3吨。它是凶猛的食肉性鱼类，幼鱼以食小鱼为主，大的则觅食水面浮游的雁、野鸭等野生水禽，也吃湖中的大水鼠、水獭等，甚至吞食比自己体型小的同类。然而哲罗蛙是早已被人们认为绝迹了的鱼种，它为何会在喀纳斯湖生存繁衍下来，这还是一个有待探寻的谜。

另外，由于至今没有捉到一条喀纳斯湖中的巨鱼，因而有人认为，目前为巨鱼定性还为时过早。

奥古布古水怪之谜

在加拿大，马尼托巴大学动物系主任吉米斯·马克卢维德教授正在领导寻找温尼伯格西斯湖马尼布古水怪的工作。为了捕到水怪，他们使用了网具，甚至派潜水员潜入湖底，以测量和探索踪迹。但是，每次都未能如愿以偿地发现水怪。马克卢维德教授说："很多人都清楚地看到了一个怪物，这使我们肯定，他们看到的是一个人们不熟悉的动物，因此，我们不能指责他在撒谎。"目前，他们仍在继续寻找。

加拿大湖中最著名的水怪是奥古布古。它几乎可以同最著名的尼斯水怪相提并论。它生活在奥卡纳江湖。该湖是一条狭长的湖泊，位于大不列颠哥伦比亚省南部。虽仅长128千米，宽不过3千米，但却又冷又深。同尼斯湖一样，奥卡纳江湖形成于地球的石器时代，由冰川期的雪水冲击而成。湖岸上住满了居民。湖岸不远，一条公路伸向远方。因此，居民们观看水怪则不需要付出特别的努力。1976年，一位姑娘首先发现了这头水怪，当时她站在基卢纳公园一站的汽车站牌前，亲眼见到湖中有一头水怪在游动。1977年，这头水怪又出现在湖畔西岸游艇俱乐部对面的水面上。但当地居民对它的出现却习以为常，部分人说，他们开着汽车沿湖岸旁的公路行驶时，经常见到水怪出现。但他们却不敢钻出汽车，特别是在气候寒冷的天气中，只敢隔着汽车玻璃向湖中窥看。

其实奥古布古水怪很早就存在了。最早在这里居住的古印第安人曾发现过它，给它取了一个长长的名字，叫塔—哈—哈—艾特什。他们在湖畔居住，经常渡过湖去。渡湖时使用一种名为"卡努"的小型舯板。每当渡湖时，他们总要带一只狗或一只鸡上船。在湖中，若水怪出现，距船很近，印第人便把船上的狗或鸡扔下湖去，以便保证自己能够平安无恙。此后，第一批定居者来到奥卡纳江湖畔，水怪的存在很快引起了他们的重视。20世纪70年代的一天，一位名叫苏姗·艾丽丝的女人看到湖面上漂着一根树干。突然，这根树干开始活动了，逆风逆流在湖中游动。自此以后，目击者便骤然多起来，络绎不绝，直至今天。

1976年，一位名叫艾德·法拉特希尔的人同女儿迪亚娜一起，乘坐自己的汽艇游览奥卡纳江湖风光。船在湖面上行驶，突然，他发现船头浮出一个奇怪的巨大身躯，挡住了船行进的水道。法拉特希尔说："如果我未及时地停住船，船就会撞到这个怪物或从它脊梁上压过去。因为船距水怪只有10米远。于是，我赶忙操纵船，从水怪身边绕了过去。"当时，法拉特希尔的船位于吉拉特利湾，距岸很近。于是，他赶忙将船靠岸，去取照相机，并呼叫他的朋友加里·萨拉法特尔前来协助。此后，他们回到船上，船向湖心驶去。此时，水怪又出现了。法拉特希尔说："这次我看到了水怪几乎整个身躯。我坚信，水怪长20米。我们大着胆子，尽量使船接近水怪，以便照相。船渐渐近了，水怪没有动，在距水怪15米的地方，我拍下了第一张照片。我们对峙了一个小时，此后水怪潜入了水中。但不久又浮出水面。这次距我们的船很近。我操纵着汽艇，紧紧地跟着水怪。这样，水怪先后潜入和浮出水面达10多次，我则寻找机会，拍摄了5张照片。此间，水怪有时在水面上盘作一团，有时又停着不动，浮在水面上。但是，即使它盘在一起的时候，它的身长也至少有12米。"女儿迪亚娜补充说："水怪的皮看上去十分柔软，为棕色，很像鲸鱼的皮，脊梁上则有一些小小的凸出物。"萨拉法特尔坚信，水怪的头长约60多厘米，头顶平平的，很像蛇的头顶部，头上有两个凸出的部位，很像杜巴尔曼型狗的两只耳朵。

1977年4月至1978年8月，当地报纸发表了10多篇有关水怪的专题报告，这些报道大部分引用了可信赖的目击者们的叙述。其中包括居住在湖西岸的哈里·萨提纳斯提供的情况，他说："以前，我并不相信湖中有水怪存在。但是有一天，我划着小船，碰到了水怪，我小心地围着它转了一圈，同它保持在100米的距离上。水怪形状很像一条黑色的海蛇，长达11米，游动时身体上下浮动。"

更有趣的是，艾尔特·福拉丁·明·塔希兹在大不列颠哥伦比亚省拍摄了第一部关于水怪的纪录片。这天，艾尔特的汽车正在奥卡纳江湖岸边公路上行驶，突然发现离公路不远的湖中出现了水怪，于是，他赶忙停住汽车，下车观看。艾尔特这次出来恰好带着8毫米的摄影机和望远镜头，而且摄影机中正好有胶卷。于是，他立即选择了一个角度，但又停顿了一会儿。因为，此时水怪距他仅有几米远，而且艾尔特也急需稳定一下已十分紧张的神经。此后，艾尔特利用近距，每当水怪露出水面便开动摄影机，拍下了水怪的纪录片。

艾尔特的纪录片正如他估计的一样，获得了科学界的重视，并被用于进行科学研究。根据部分胶片上出现的松树干般的图像，研究人员一致认为，这个水怪长达18米之多，游动的速度很快。但是，纪录片上却未出现部分目击者们叙述的盘在水面上的图像。奥卡纳江湖居民艾尔琳·杰克女士被邀参加对电影的鉴定，她仔细地研究了图像前后的背景。随后宣布，她相信此电影是真实的，不存在任何的欺骗，因为，影片摄下了生活在奥卡纳江湖中一个人们不熟悉的生命的活动。

但是，奥古布古水怪至今为止仍然逃避同人类的联系。曾有60人自愿报名，要站在一个密闭玻璃舱中，并在沉入湖下9米处使用照相机，在直升飞机吊着高强度电灯的帮助下，拍摄水怪夜间活动的照片。此后，人们又计划将高压电极放入湖中，接通电流，利用电流在深水中通过时产生的力量，将水怪赶到水面上来……但是，这些想法都未实施，因为不可能获得成功。

海洋怪兽之谜
HAI YANG GUAI SHOU ZHI MI

太平洋怪兽之谜

1977年4月25日，日本大洋渔业公司的一艘远洋拖网船"瑞弹丸"号，在新西兰克拉斯特彻奇市以东50多千米的海面上捕鱼。当船员们把沉到海下300米处的网拉上来时，一只意想不到的庞然大物和网一起被拉了上来。网里是一具从来没有见过的怪兽的尸体。由于被网套着，看不清它的全貌，于是，船员们把绳索拴在怪兽尸体的中部，用起重机把它吊了起来。一股强烈的腐臭从尸体中散发了出来，尸体上的脂肪和一小部分肌肉拉着长长的黏丝掉在甲板上。船内一片骚动，现在人们看清楚了这是一个类似爬虫类动物的尸体。尽管它已经开始腐烂，但整个躯体却保存得很完整，可以清楚地看到它有一个长长的脖子，小小的脑袋，很大很大的肚子（腹部已空，五脏俱无），而且长着4个很大的鳍。用卷尺测定的结果表明，怪兽身长大约10米，颈长1.5米，尾部长2米，重量约2吨，估计已死去一个月（事后经研究分析，认为已死半年到1年之久）。它既不是鱼类，也不像是海龟，在海上捕鱼多年的船员谁也不认识它。大家发出了惊奇的议论："这和尼斯湖里的蛇颈龙不是一样吗？""是尼斯湖的怪兽——尼西吧？"闻讯赶来的船长，见大家在欣赏一具腐臭的怪物，大发雷霆，他担心自己船舱里的鱼受到损失，命令船员们立即把它丢到海里去！幸好，随船的有位矢野道彦先生觉得这个发现不寻常，在怪兽抛下大海之前，拍摄了几张照片并做了相关记录。

消息传到日本，顿时轰动全国，尤其是动物学家、古生物学家们更是兴奋，他们看了照片，进行了分析，认为："这不像是鱼类，一定是非常珍贵的动物。""非常惊人呀！这是不次于发现矛尾鱼那样的世纪性的大发现。""本世纪最大的发现——活着的蛇颈龙"……消息也立刻传遍了全世界，各国报刊都很快转载了照片，发了消息。这件事引起各国著名生物学家极大的兴趣和关注，他们都对此发表了感想和谈话。

把怪兽尸体又抛回大海这件事，引发了人们深深的遗憾和强烈的谴责。尤其是日本的一些生物学家，对此举简直气愤得"切齿扼腕"、"怒发冲冠"，他们指责船长"无知、愚蠢"。日本生物学权威鹿间时夫教授说："怎么也不该扔掉，看来日本的教育太差了，才会发生这样的事。为了两亿日元的商品，竟然把国宝扔掉，简直是国际上的大笑话。"尽管大洋渔业公司立刻命令在新西兰海域的所有渔船奔赴现场，重新捕捞怪兽尸体，甚至包括前苏联和美国在内的一些国家的船只，也闻讯赶往现场进行捕捞。但由于消息发表之日（7月20日）与丢弃怪物之日已相隔3个月，虽然他们想尽了各种办法寻找它，然而在茫茫的大海里，谁也没能再把它打捞上来。人类可能认识一种新动物的最好机会，就这样遗憾地错过了。

值得庆幸的是，这次发现总算给生物学家们保留下了3件证据：是怪兽的4张彩色照片，二是四五十根怪兽的鳍须（鳍端部像纤维一样的须条），三是矢野道彦先生在现场画的怪兽骨骼草图。

1.照片是从3个不同角度拍摄的。有两张是刚把鱼网拖上甲板时拍摄的，网里是那只全身被白色的脂肪层包裹着的怪兽；另两张是在怪兽被起重机吊起时拍的，其中一张是从怪兽侧面拍的，另一张是从怪兽背面拍的。可以清楚地看到，怪兽有一个硕大的脊背，对称地长着4个大鳍，照片中还可看到它腹内已空，整个身躯肌肉完整，只是头部露出白骨，怪兽白色的脂肪下面有着赤红的肌肉。从个头儿大小来看，海洋里只有鲸鱼、巨鲨、大乌贼可以与它相比。但从照片来看，它的头部甚小，与现存的所有鲸鱼类的头骨截然不同，而且颈部奇长，特别是有4个对称的大鳍，这就没有其他海洋动物或鱼类可以与它相提并论了。

2.鳍须是唯一留下的贵重物证。它是怪兽鳍端的须状角质物。长23.8厘米，粗0.2厘米，呈米黄色的透明胶状，尖端分成更细的3股，很像人参的根须。

3.骨骼草图左上方写着："10时40分吊起尼西（即尼斯湖里的怪兽）拍的照片。"这是矢野先生当时的记录，他根据现场的观测和大致的测量，画下了这幅草图。怪兽骨骼长10米，头和颈部长约两米，其中头部45厘米，颈的骨骼粗20厘米，尾部长两米，根部粗12厘米，尾端部粗3厘米，身体部分长约6.05米。据他说，骨骼属软骨。

虽然上述这些记录和证据是非常宝贵的，而且成为科学家们研究、鉴定、探讨的依据，但是要依靠它们来确定怪兽究竟属于哪一种动物，还缺少根本性的依据。因为没有实物，无法与已知的各种动物和古生物的化石骨骼做比较，也就无法对比鉴定。所以日本的生物学家们说："哪怕带回一个小小的牙齿骨骼也好呀！"然而，毕竟太遗憾了……

它到底是什么？科学家们至今对此还是争论不休，众说纷纭。从1977年报道这一消息后，这场争论大体上经历了这样一个过程：蛇颈龙说——鲨鱼说——爬虫类动物说——不认识的动物说。

下面简要叙述各派假说的论据：

最初，有人认为它是鲸鱼、鲨鱼的，也有说是海豹、海龟的。但是这几种猜测，依照留下的3个证据都被一一否认了。现在焦点是人们怀疑它是7000万年前便已绝灭了的蛇颈龙的子孙。其中一个主要的依据，是它有那样长的颈。围绕着它的长脖子，人们争论不休，许多学者欣喜地宣布它是"活着的蛇颈龙"。日本横滨国立大学的鹿间时夫教授认为："从照片上看，仅限于爬行类，然而可以考虑太古生息过的蛇颈龙，可以说是发现了名副其实的活着的化石。"日本国立科学博物馆古生物第三研究室的小岛郁生也说："从照片看来，似乎是蛇颈龙后裔。蛇颈龙有两种，一种是头小颈长，一种是头稍大颈短；这似乎是颈短的一种……"法国自然博物副馆长包雪女士以及一些新西兰生物学家等都同意这种说法。

的确，怪兽与蛇颈龙有着极其相似的地方。人们把怪兽骨骼图与蛇颈龙的化石骨骼做了比较，无论是整个骨架结构，还是局部的鳍、尾、颈，都与之相似。特别应该指出矢野的怪兽骨骼图是根据他的目测和推测画的，并不完全准确，但其结构与短颈蛇颈龙如此相像，不能不说这种蛇颈龙说是有一定根据的。蛇颈龙是生存于侏罗纪后期至白垩纪时期的一种海洋爬行动物，它的细脖子很长。与它外形相似的陆上蜥脚类恐龙，最初也有着细长脖子，但是发展到侏罗纪后期，这种细长颈的恐龙逐渐消亡，代之而起的是白垩纪早期的素食龙（如肿头龙、沧龙等），颈部都比较短了。蛇颈龙也向颈短的方向发展，如果是这样，日本发现的这头怪兽也可以说是更进化了一些吧？于是报上宣布："这是20世纪的最大的发现！"

但是不久，对那一把唯一的物证——怪物须条，东京水产大学进行了蛋白质的分析，发现它的成分酷似鲨鱼的鳍须，于是报纸、新闻又转向鲨鱼说，一时间"巨鲨"、"一种未见过的鲨鱼"的说法又充满了报纸。此时，英、美一些国家的生物学家也持此观点。英国伦敦自然史博物馆的奥韦恩·惠勒说："这个猎获物大概是鲨鱼，以前在世界各海滨附近曾发现许多别的怪物，结果弄清楚后，都是死鲨鱼。鲨鱼是一类软骨鱼，它们没有硬骨架。当鲨鱼死后，尸体逐渐腐烂时，头部和鳃部先从躯体脱垂，这样就形成一个细长的'颈'，末端像个小小的头。许多日本渔民，甚至更为内行的人都被其类似蛇颈龙的形状所愚弄……"这种说法似乎很有道理，而且一时间许多持有蛇颈龙说法的人也都放弃了自己原来的主张。怪兽等于鲨鱼，仿佛已成定论。

但是，经过再次测试须条，又不能肯定它是鲨鱼了，加上一部分学者坚持爬虫说，鲨鱼说又开始动摇了。

的确，根据科学家和日本记者的现场调查，提出了种种否定它是鲨鱼的根据：

其一，鲨鱼的肉是白的，而怪兽则是赤红的。

其二，当"瑞弹丸"船员们把它捞上来时，现场没有一个人怀疑它是鲨鱼，为什么呢？记者调查了这个问题。原来鲨鱼没有排尿器，体内积蓄的尿是利用海水的浸透压力，从全身排出的；因此，鲨鱼的肉有一种尿特有的臭味，有经验的渔民都会闻出来。"瑞弹丸"的渔民们正是由于这一点而否定了它是鲨鱼。

其三，如果真是鲨鱼，那么具有软骨架的鲨鱼，在死了半年之后，是绝对不会被起重机吊起来的。因为尸体开始腐烂，软骨也开始腐烂，尸体的软骨架绝对经受不住大约两吨的自重。对此，许多鱼类学权威都认为这是否定鲨鱼说的一个重要论据。

其四，怪兽有较厚的脂肪层，包裹在全身的肌肉上，而鲨鱼只在肝脏里才有脂肪。

于是，从鲨鱼说又转回到爬行类动物说。证明怪兽可能是爬行类动物还有一个重要的论据，即怪兽的头部呈三角形，这是爬行类动物独具的特点。日本著名科学漫画家石森章太郎根据骨骼草图，画了一幅怪兽复原图。如果照此图来看，它可真像一个爬虫类动物了。1977年9月1日和19日，在日本东京召开了两次有关怪兽身份问题的学术讨论会。参加会议的人有鱼类、化石、鲸鱼、古生物学、比较解剖学、生物化学、血清等方面的学者共19人。他们研究了照片、草图和鳍须的组织切片，进行了认真地讨论，写出了9篇论文。

综合两次座谈会的讨论意见，会议主持人、东京水产大学校长佐木忠义于同年12月15日下午向报界发表了日本学术界的研究结论：

1.从怪兽鳍端须条的化学成分来看，得不出是鲨鱼的结论。

2.从怪兽的两对腹鳍、长身体、长尾巴以及身体表面都是脂肪等特点来看，是和迄今已知的鱼类完全不同的一种动物。

3.在分类学上，很可能是代表着全新的一种人类未认识的动物（不知是否属于海栖爬虫类）。

现在，人们都盼望在南纬43°53′、东经173°48′曾经打捞上怪兽尸体的地方，有一天会再现怪兽的踪影。或许它正是人们所期待的史前爬行动物吧。

神秘的海蟒

1851年1月13日早晨，美国捕鲸船"莫依伽海拉"号正在南太平洋马克萨斯群岛附近海面航行。此时大海平静得如一面镜子，在阳光下熠熠生辉。

突然，站在桅杆眺望的海员大声惊呼起来："噢，那是什么？从来没有看到过这种怪物啊？"

船长希巴里听到海员的喊声急忙奔上甲板，举起了望远镜说："唔，那是海里很难见到的怪兽！我们快抓住！"

紧接着，大船上放下3艘小艇，船长亲自带着矛，乘上小艇朝怪兽疾驰而去。

好一个庞然大物！在他们眼前的怪物身长足有30多米，颈部粗5.7米，身体最粗部分达15米。头呈扁平状，有皱褶。尖尾巴，背部黑色，腹部暗褐色，中央有一条细细的白色花纹，犹如一条大船，在海中游弋。

"快刺啊！"当小艇摇摇晃晃地靠近怪物时，船长声嘶力竭地喊了起来。几艘小艇上的船员一起奋力举矛刺去。顿时，血水四溅，怪物突然受伤，在大海里翻滚挣扎起来，掀起了阵阵冲天巨浪。船员们冒着生命危险，与怪物进行了殊死的搏斗。最后，怪物终于寡不敌众，力竭身死。

希巴里船长把怪物的头部切下，撇下盐榨油，竟榨出10桶水一样透明的油！

不仅在太平洋、大西洋、印度洋，甚至连非洲附近的海域也有许多人看到过这样的怪物，一些海员们都把这种海底怪物叫海蟒。

1817年8月，曾经在美国马萨诸塞州格洛斯特港的海面上目睹海洋巨蟒的索罗门·阿连船长这样叙述道："当时像海洋巨蟒似的家伙在离港口130米左右的地方游动。这个怪兽长40米，身体粗得像半个啤酒桶，整个身子呈暗褐色。头部像响尾蛇，大小同马头。在水面上缓慢地游动着，一会儿绕圈游，一会儿直游。巨蟒消失时，笔直钻进海底，过了一会儿，又从约180米远的海面上重新出现。"

船上的木匠玛休·伽夫涅兄弟俩和奥嘎斯金三人同乘一艘小艇去垂钓时，也遇到了巨蟒。玛休在离它20米左右外用步枪瞄准向它开枪，可怪物一点也不在乎，仍在自由自在地游着。他还描述了当时的情形："我是在怪兽靠近小艇约20米左右的地方开的枪。我的枪法很好，子弹颗颗都命中了怪物的头部。可是怪物无事一样，尽管我的射击技术完全有把握，我瞄准了怪兽的头部，也很对头，谁知那怪物却顺着我的枪声朝我们这边游来，一靠近小船，就潜下水去，钻过小艇，在30米远的地方重又出现。怪兽不像鱼类往下游，而像一块岩石似的沉下去，笔直地往下沉。我的枪可以发射重量子弹，我又是城里最好的射手，当时清楚地感到射中了目标。可是海洋巨蟒好像丝毫没有受伤……"

1824年8月6日，英国巡洋舰"迪达尔斯号"的水兵们也目击了海洋巨蟒。他们从印度返回英国的途中，在非洲南部约500千米以西海面上遇到了巨蟒。

当时在瞭望台上的实习生萨特里斯大声叫了起来："在船艇侧面发现怪兽正朝我们靠拢！"

舰长和水兵们急忙奔到甲板上，只见距离军舰200米左右的地方，一头怪兽昂起头，露出水面的身体部分长20余米，正朝着西南方向游去。舰长拿出望远镜，紧紧地盯住这头举世罕见的怪兽。他把这天目睹的一切详细地记载在航海日记上。到了英国本土，就把他亲眼所见的怪兽画像交给了海军司令部。

在大海中类似这样目击怪物的事件不胜枚举，我们仅仅举出下面的例子：

1875年的一天，一艘英国货船在洛克海角发现一头蟒，当时它在与一头鲸鱼搏斗。

1877年，一艘游艇在格洛斯特海湾发现巨蟒，在距艇200米的前方水中作回旋游弋。

1905年，汽船"波罗哈拉"号在巴西海湾航行时，发现巨蟒正与船只并驾齐驱，不一会儿，如潜水艇般下沉，在海中消失。

1910年，在洛答里海角，一艘英国拖网船发现巨蟒，它正抬起镰刀状的头部，朝船只袭来。

1936年，在哥斯达黎加海面上航行的定期班船上，有8名游客和2名水手目睹巨蟒。

1948年，一艘在肖路兹群岛海面上航行的游览船，有4名游客发现身长30余米，背上长有好几个瘤状物的巨蟒……

虽然迄今为止，有许多人目睹过海洋巨蟒，但它究竟是何类动物，还是一个谜。据说75年前，摩纳哥国王阿尔倍尔一世为了捕获海洋巨蟒，还建造了一艘特别的探险船。船上装备了直径5厘米，长达数千米的钢缆和能吊起一吨重物体的巨大吊钓，并以12头猪作为诱饵，可惜未遇而归。海洋巨蟒这谜一样的怪物，它会不会像早已消失的空棘鱼一样，有朝一日重新被人们发现呢？

1938年12月，有人在南部非洲的东南海域捕获了空棘鱼。当时，世界上没有一个学者相信这一事实。因为空棘鱼3亿年前生活在海中，约1亿年前数量逐渐减少，在7000万年前完全销声匿迹了。

1952—1955年，人们在同一海域又捕获15条活空棘鱼，如今没有一个学者怀疑空棘鱼的存在了。那么海底巨蟒的存在，也早晚会有一天被人们真正地认可，说不定有一天，一条巨大的海蟒就会出现在人类世界的面前。

神秘的海蛇

自从生物学家林奈1758年发明了生物分类的双名命名法以来，几乎所有的动植物都包括在命名法的门、纲、目、科、属、种的6个等级里。但是在自然界里，仍然有我们没有发现或者不认识的动物。尤其是浩瀚的大海，更是神秘莫测。很早以来，人们就传说大海里有神秘的怪兽，有的说是像蛇一样的巨大海兽，有的说像个大爬虫，还有的说是有点像人的恐龙鱼。这是耸人听闻的小道消息吗？

最早知道海兽的是以前在北欧海面上行凶打劫、称王称霸的海盗们。他们在船头上装饰了海兽的头像，用以避邪并威吓人们，这使海兽带上了神秘的色彩。

早在公元前4世纪，古希腊哲学家亚里士多德就在自己的著作中写道："沿着海岸航行的海员们说，他们看见了许多牛的骨头，它们是被海蛇吃掉的。因为他们的船继续航行，遭到了海蛇的攻击。"后世的许多著作中都记录着类似的情节。

1734年，一个叫汉斯·艾凯德的船员，在他们的航船从挪威到格陵兰去的海面上，近距离目击了一个怪兽。它的头尖尖的，长脖子，身体像大木桶那样粗，弯弯曲曲的像蛇一样……他随即画出了一张这个怪兽的草图。这张图一发表，就轰动一时，人们给这个怪兽起了个名字，叫"Sea Serpent"，意思是"海蛇"。这可以说是最早关于怪兽存在的一个证据了。

之后，发现怪兽的事越来越多。在世界许多国家舰船的航海日志上，都有着发现怪兽的记录。这些航海日志连同船长、舰长向本国政府所写的发现怪兽的书面报告和草图等，至今已有上千件了。而相信海洋里有怪兽的人，多是各国的船员，他们不少人都亲自看到过。他们把怪兽叫做"海蛇"或"海龙"，并把发现经过记录到了航海日志的档案里。

1817年8月，300余人在美国马萨诸塞州一海港看到一个"蛇怪"，脑袋像乌龟头，身长40米，有啤酒桶一半粗，浑身呈暗褐色。后来，几名工人乘小艇在海上垂钓时，再次见到这怪物，其中一个工人掏出手枪，在离怪物20米处开枪，击中它的脑袋，随后这怪物隐入海中不见了。

1848年8月6日，距非洲南端500千米的海面，英国巡洋舰"达达露斯"号遇到一个怪兽，脑袋有两米长，像海龟头，脖子呈墨蓝色，身体灰色，脖颈以下部分长着马鬃状东西，露出水面的身躯长达18米。两个月后，美国"达普内"号帆船也在这里遇到一个蛇身龟头怪物，身长达30米，眼睛炯炯发光。哈德逊船长命令向它开枪，那怪物似乎已感到有生命危险，在开枪的一刹那钻入水中逃走了。

舰长把这一天的事件详细地记入了航海日志，并在回到英国后，向英国海军军部做了报告。根据报告中所载的目击者的推断，海兽大约有18米长。

1897年6月，法国"阿法拉什"号炮舰在阿洛格海湾遇上两条大蛇，蛇长20米，粗2～3米，炮舰驶到600米处开炮，大蛇钻入水中。翌年2月15日，该舰在同一海域又遇上这两条大蛇，炮舰向蛇全速冲去，在距离300米处开炮，未击中，其中钻进水中的一条蛇反而从舰尾钻出，可以想象船员当时的惊恐状况。

1904年，德国军舰"德西"号停靠在阿龙湾，在离船300米的地方，发现了一只怪兽。舰长写在航海日志上的话是："我们看到了怪兽，身长约30米，皮肤呈黑色，身上长满了疙瘩，头部像海龙的头，不久就消失了。除了我以外，还有很多军官和水兵都看到了。"

1905年，人们得到了一个比较可靠的观测记录，因为当时有两个英国动物学家协会的成员在巴西海岸亲眼目睹了海蛇，他们是梅河德·瓦尔多和米切尔·尼柯尔。瓦尔多后来写道："我看到了一个很大的鳍，或者是脊背钻出了水面。它是深褐色的，身上有皱皮。它大约长1.8米，露出水面半米左右，我能看到水下的褶皱身体。接着一个大脑袋和脖子伸出了水面，脖子有人身体那么粗，脑袋呈龟状，有眼睛。它以一种独特的方式从一方向另一方移动。它的头和颈是深棕色的……在14个小时内，除我们两位动物学家外，船上的其他人也都看到了那个'海蛇'。它虽然静静地游着，但它的游水速度至少在每小时16千米以上。"

海蛇有着突出的特征：它是一种长蛇形动物，有一系列的峰起隆肉，头部像马；其颜色上部较深，下部较浅；移动时起伏波动；在夏季出现……它是无害的，从未对人发起攻击。

1934年，在加勒比海大西洋航线上航行的豪华客船"毛里塔尼亚"号的船员们也曾几次发现过海蛇。

根据记录，在北大西洋、非洲南部海域、巴西海面、加勒比海、日本近海、中国南部的北部湾、印尼海域、俄罗斯海域和新西兰附近的南太平洋里，来往的渔船和客船都曾有过类似的记录，都曾发现过怪兽的踪影。船长的报告也好，船员的说法也好，怪兽的形状不外乎两种，有的说像个大海蛇，有的说像蛇颈龙……但是，由于只是少数人看到，而且从来没有捉到一只活的怪兽，所以习惯于传统观念的人们总是不相信有什么怪兽存在。

尽管后来有消息说，有一些渔船在丢弃怪兽的海域里多次搜寻，捞上来了鲨鱼和鲸的碎骨，并认为那就是太平洋怪兽腐烂后分化开的骨骼，由此得出所谓"太平洋怪兽"根本不存在的结论。然而反对者认为，无法证明那些碎骨就是照片上完整怪兽的一部分。海底怪兽成为了人们值得探索的乐趣和谜团，有待更多的科学知识来揭示它。

神秘的水怪

1902年10月28日上午，西非几内亚海湾风平浪静，英国货船"福特·索尔兹贝利"号稳稳地航行着。突然，一名船员看见一个庞然大物慢慢浮出海面，形状似雪茄，直径约9米，体长约60米。好事的船员对它嚷道："我们帮帮你，好吗？"可那怪物毫不领情，一声不响地沉入海中。

1904年4月，法国炮舰"德西"号停泊在越南海防港附近的阿龙湾。一天，水手们目睹了一个巨大的海怪，它升出水面的身躯长达30米，全身裹着一层柔软的黑皮，点缀着大理石斑点。5米长的头上长着大鳞片，很像巨海龟的头。它喷起的水柱高达15米，在离炮舰35米处沉入海中。

1915年7月30日，德国潜艇Y-28号在爱尔兰海岸击沉一艘英国轮船。当潜艇在水面上轰击时，从海里跃出一条奇怪的巨大"鳄鱼"，一连出没几次，然后消失在海里，这不速之客使在场的德国水兵惊骇不已。

1917年9月，距冰岛海岸东南70海里，一艘辅助巡洋舰几乎与一个庞然怪物相撞。这个怪物浑身黑色，体长18米，硕大的脑袋像牛头，但无耳朵和角，额头上饰有白色条纹，它的鳍超过10厘米，又薄又钝，像块三角板。脖子长6米，活动起来像条蛇，一旦转过头，颈部就变成了一个半圆形。

1966年，美国人布莱特和里奇埃为创造新纪录，决定划小船横渡大西洋。7月的一天晚上，忽然有绿色的磷光忽闪忽灭，里奇埃惊慌地抓住布莱特的肩膀，布莱特沿他手指方向望去，也吓呆了。原来水里伸出一条长颈，颈上有个"牛头"，但没有角和耳朵，它鼓着双眼，射出咄咄逼人的绿光，冷冷地看着他俩。他们几乎吓晕过去。

1984年1月，一个星期日拂晓，加拿大机械工程师吉姆·汤普森，在离温哥华市8公里的海面上乘橡皮艇垂钓。突然，一怪物在离他约61

米处浮出，身长约6米，宽0.6米，颈部是淡淡的棕褐色，有长颈鹿般短角的峰，耳朵下垂，黑嘴略尖。这怪物好像既好奇又害羞，当感觉到有人在注视它时，它似乎很诧异，急速游向远方，身躯上下扭动，十分敏捷。

有幸从海底怪兽魔爪中逃生的澳大利亚潜水员叙述了一次可怕的经历。

在日本潜水员失踪的同年夏天，澳大利亚潜水员琼斯来到同一海域试验新型潜水衣性能。他潜入海底，顺着礁石游动，这时，一条4米多长的鲨鱼朝他游来，这位经验丰富的潜水员面对险情沉着地悄悄下潜。不巧的是，他的身下恰恰是深不可测的大海沟。琼斯担心再往下会因压力大而丧命，于是便站在海沟边上，静观鲨鱼的行动。突然，他感到海水温度急骤下降。他忙低头扫视了一眼海沟，便惊呆了，只见一个灰黑色的物体从黑暗的海底深处向上浮来。借助潜水灯的光柱，他发现那是一个从未见过的怪物。这家伙很大，呈扇状，像是一块光滑的大木板，看不见它身体的其他器官。怪物缓缓上浮，似乎它的整个身体都在轻轻地抖动，没有发出任何声响。这时，琼斯觉得异常寒冷，可他又不敢移动。他抬头看见那条鲨鱼不知何故也停止不动了，仿佛被这怪物吓呆了似的。不一会儿，灰黑色的怪物靠近了鲨鱼，似乎只在鲨鱼身上轻轻地碰了一下，鲨鱼便立即抽搐不停，随即，鲨鱼便被那怪物莫名其妙地吞食了，一点痕迹也没留下。尔后，怪物又抖动着身躯渐渐沉入海底，海水温度也随着怪物的逐渐下沉恢复正常。

1934年秋，老水手艾凯德所工作的船从挪威驶到格陵兰的海面上，一天，他从近处看到一个怪兽，头很小，脖颈细长，身子似大圆木桶，弯弯曲曲灵活转动，很像一条蛇。艾凯德还给这个怪物画了张速写，这张图发表后引起轰动，惊奇的人们给怪物取名为"海蛇"。

1947年12月，"桑特·克拉拉"号定期远洋客轮从纽约开往卡塔赫纳，途中撞死了一个怪物。它的头宽0.75米，粗0.6米，长1.5米，圆柱形身体的直径达1.5米，颈长0.45米，全身呈暗褐色，没有毛。可惜，当时没有人想到留下一颗牙齿或其他东西。

神秘的海牛

国外有"海神"的传说。据说海神长着牛脑袋，颇像中国神话中的"牛头马面"中的牛头。世界上究竟有没有这种动物呢？

根据一幅插图断言，世界上的确有过这种动物。例如：前苏联出版的科普读物《我想知道一切》一书的插图中画着一堆牛骨，背景是一个古瓶式的石碑，上面写着"1741—1768"字样。

据称，"1741"代表人类第一次发现"海神"的年号。这一年，俄国"彼得大帝"号考察船曾在白令海中的一个小岛附近遇上了海怪，它身长9米多，浑身褐红，头上长着弯弯的一对牛犄角，在海崖中跃上潜下，威风凛凛。船上的水手发现，这只海怪尾随船只却毫无伤人之意。有几个水手坐上小船慢慢接近了它，甚至有人用手摸它，奇怪的是它丝毫不加反抗。

考察人员妄图捕获这一珍兽。他们用伏钩群起而攻之，不料此兽的外皮刀枪不入。水手们束手无策、惊恐万分，"海神"却摇摇头，遗憾地游走了。

这一消息使世界科学家为之哗然。各国竞相派船考察，一心盼望得到一个活标本，但都没有这种福分。此后考察热就寂然自灭了。另一个证据是，前苏联白令海沿岸曾不断发现海牛残骸。而且，当地渔民说，他们的父辈确曾捕过海牛，并传说它的肉味佳，而它的脂肪能被阳光晒熔，熔化后发出的气味香如杏仁。据说，前苏联的科学档案中有不少有关海牛的资料，其中记载着1803年—1806年自然学家季列齐乌斯和克鲁森施滕几次发现海牛的情况。

实际上早在1854年，俄国一家报纸就报道过发现海牛的新闻。诺登舍尔茨所率领的考察团曾在白令岛发现了海牛，所描绘的海牛的模样和"彼得大帝"号所叙述的大体相同。

据记载，1910年，丘库半岛南端曾有一只死海牛被冲上了岸，可惜缺乏科学知识的居民一涌而上把它瓜分了。

据报道，1962年在白令海中，一艘军舰还发现过海牛。另外，前苏联一位学员，曾把自己发现的海牛残骸交给了国家。经鉴定，这些残骸不足200年，因此可证明海牛并没有在1768年绝迹。

近年来，俄罗斯生物学家再次掀起了一股海牛考察热。他们采取深入民间的方式，向白令海岸居民征询海牛的传说。尽管有人自称亲眼目睹过海牛，并绘声绘色地叙说这种怪物的特点，但至今在科学上也没有更大的突破。

神秘的海妖之谜

相比湖怪，也许海妖更神秘一些。因为不管怎么样，湖里的水可以抽干，海里的水恐怕就不容易了。下面谈的便是形形色色的海妖。

布赖恩·牛顿在《怪物与人》一书中，对德国潜艇U28在1915年用鱼雷击沉英国汽船"伊比利亚"号进行了生动的描述。当"伊比利亚"下沉时，它在水中发生了巨大的爆炸。德国潜艇指挥官乔治·巩特尔·费黑尔·冯·福斯特纳和他的艇员惊异地看到，一个巨大的海怪被这爆炸抛向空中。这些德国的目击者说，它至少有18米长，而且看上去像一条巨大的鳄鱼，但它却长有4只带蹼的脚和一条尖尖的尾巴。

亚里士多德（公元前384年—公元前322年）在《动物历史》一书中写道："在利比亚，蛇都非常大。经过海岸的水手们说他们看到许多牲口的骨头，在他们看来，这些牲口是被蛇吃掉的。而且，在他们继续航行时，那些蛇过来攻击他们，它们爬上一条3层船上并将它倾覆。"李维（公元前59年—公元17年）记述了一个巨大的海怪，它甚至扰乱了布匿战争期间无所畏惧的罗马军团。最后，它被罗马军团的重型弩炮和投石器摧毁，这些弩炮和投石器被正式保留下来，用以征服围绕城市的筑垒。

《自然历史》的作者普林尼（公元23年—79年）曾提到，有一支希腊部队按马其顿国王亚历山大的命令在进行探险，他们在波斯湾受到了有9米长的许多海蛇的攻击。

那么，海怪会是什么样的呢？有没有一种全都包容的理论呢？或者，也许我们正在寻找几种适合不同目击情况的特定假设？这第一个和最可信的解释就是，我们正在注意到来自较早时代所幸存下的动物，或者我们正在注意到那些幸存下来的动物们的变异后代，它们沿着不同的演变过程进化而来。这个世界很大，有的湖泊和大洋很深，足以容纳下大量人类未曾见过的巨大且神秘的怪物。未知领域并未完全消失，我们对大洋深处的了解不及我们对火星表面的了解。

更随意的推断也许会得出这样的可能性，即海怪不仅对我们这些陆地人是陌生的，而且对这个地球也是陌生的。体积这么大的东西需要更大的飞船，要比人类登月的飞船还要大。当然，体积的大小不会成为星际旅行的最终障碍。许多古代的人们都拜奉水神，以至于好思索的人文历史学家有时会怀疑，是否那些鬼怪似的半水生动物来自"其他的地方"，也许在海洋最深的隐蔽之处留下了他们的战马、宠物或他们的后代。

正如卑尔根市的主教埃里克·庞托比丹1755年在他的《挪威自然历史》一书中写道："假设有这种可能，即海洋的水能被排出，而且会被某种特大事故排空，那么，令人难以置信的无数的和各种非同寻常而又令人惊讶的海怪就可能展现在我们的眼前，这些都是我们完全未知的事物！人们为海洋动物的存在而争吵，认为它们的存在是虚构的，而眼前的这番景观马上就会确定关于海洋动物的许多假设的真实性。"

在人类生活的这个地球上，有着许多奥秘等着人们去探寻，而在这无数个奥秘里边，和湖泊有关系的奇异故事更是层出不穷。也许是因为湖底世界在人们的眼睛里总是有些神秘莫测的意味吧，人们对那些有关湖泊的奇怪现象特别感兴趣。前苏联境内有一个名字叫"柯尔湖"的湖泊，就深深地吸引着人们。

柯尔湖在哈萨克斯坦的南部。据传说，这里生活着一只奇怪的骆驼，它的背上只有一个驼峰，浑身长着白颜色的毛，长长的脖子，还有蛇一样的脑袋。传说这里的湖水还可以为人们治各种疾病。

前苏联有一个名叫安那托里·别切尔斯基的人，曾经来到柯尔湖进行考察，一个牧羊人告诉了他这样一件事情：

前些日子，有一天，牧羊人正在柯尔湖边放羊。只见两个小伙子跑到湖边，兴致勃勃地脱了衣服，打算到湖里洗澡。谁知道，两个小伙子跨进湖水里，刚刚走出几步，就突然惨叫了一声。牧羊人听见叫声，急忙骑着马跑了过来，可那两个小伙子早就消失得无影无踪了。牧羊人再一看，湖面上就好像开了锅似的，沸腾翻滚了起来，吓得他慌慌张张逃走了。

牧羊人说到这儿，停了停，又对安那托里·别切尔斯基说道："你不知道呀，这个柯尔湖简直太神奇了！那两个小伙子出事没几天，有一次，我赶着羊群去湖边饮水。等我往回走的时候，才发现少了两只羊。看起来，这湖里的确是有一个大怪物呀！那两只羊遇到了两个小伙子同样的不幸了。"

安那托里·别切尔斯基听了，心想："这个牧羊人讲的故事当然不能等于事实。可是，他讲得有根有据，而且全都是他亲眼看见的。这样说来，柯尔湖里真的有一个怪物了。那么，这到底是一种什么样的怪物在湖里作怪呢？"

后来，安那托里·别切尔斯基还听当地人说，柯尔湖里还有一种特别奇怪的现象，不管是在旱季，还是在雨季，这湖里的湖水始终不多不少，总是一样的。这是怎么回事儿呢？

1974年，安那托里·别切尔斯基又一次来到柯尔湖，这回他带了自己的儿子。有一天，安那托里·别切尔斯基和儿子拿着猎枪和照相机在湖边散步。走着走着，他把猎枪放在湖边不远的山坡上，打算在湖边拍摄一些有趣的湖景。

安那托里·别切尔斯基和儿子走到湖边，刚刚拍摄了几张照片。突然，大量的飞鸟"呼"地一下从湖边飞起来，直扑湖面，然后不停地用翅膀拍打着湖水。它们一会儿惊叫着腾空飞起，一会儿又在同一处湖面上不停地盘旋，好像受到了什么惊吓，也好像发现湖水里有什么东西。可是，他们看了看，发现湖面上没有一点儿动静，还是那样平滑如镜。

安那托里·别切尔斯基和儿子，你看看我，我看看你，感到非常纳闷，心想："唉，这到底是怎么回事儿呢？"

就在这时，平滑如镜的湖面上突然泛起道道波纹，开始动荡起来了。接着，湖面上出现了一条水流，大约有15米左右那么长，它蜿蜒迂回，慢慢地移动着，就好像在水下游动着一条巨蛇。安那托里·别切尔斯基看到这里，忽然想起了牧羊人给他讲的那些故事。哎呀，现在是不是那湖水里的怪物要出现了。想到这儿，他飞快地爬上湖边的山坡，想去拿猎枪。

可是，安那托里·别切尔斯基抓起猎枪，跑回湖边，再一看，只见湖水里蜿蜒迂回的水流开始鼓了起来，迎着湖面的风儿掀起的微波慢慢地游动着。过了几分钟，这条水流又慢慢地沉了下去，湖面上又恢复了平静。